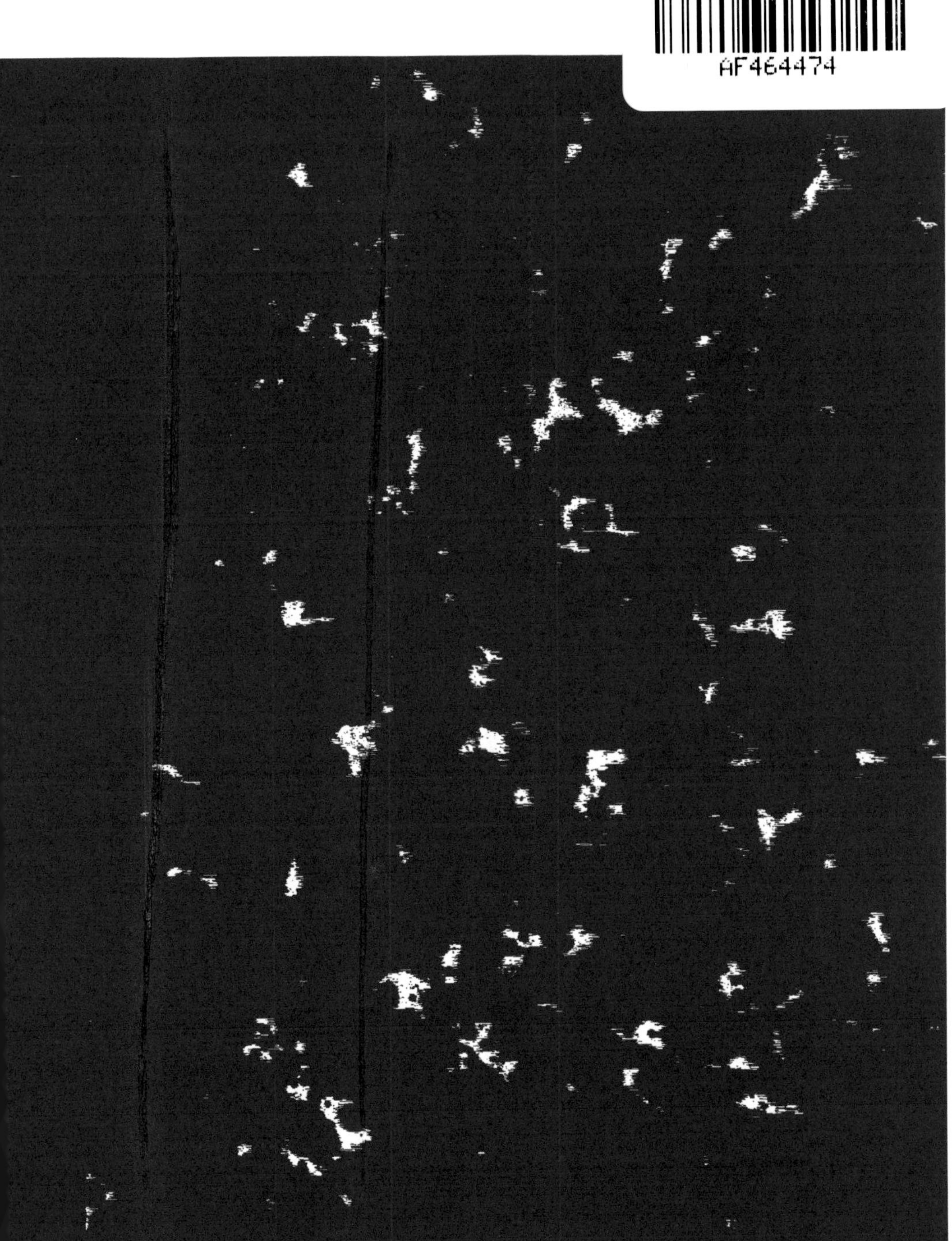

RAPPORT

A L'APPUI DU PROJET

DES

MACHINES DU BRANDON

DRESSÉ EN EXÉCUTION D'UNE DÉPÊCHE DU 6 AOUT 1842.

RAPPORT

A L'APPUI DU PROJET

DES

MACHINES DU BRANDON

DRESSÉ EN EXÉCUTION D'UNE DÉPÊCHE DU 6 AOUT 1842.

CHAPITRE PREMIER.

INTRODUCTION HISTORIQUE.

En 1836, à la date du 7 décembre, l'ingénieur soussigné fit parvenir à M. le ministre de la marine et des colonies un rapport qui a été imprimé dans les *Annales maritimes*, au mois de juillet 1837, partie non officielle, tome II, pages 5 à 9, au sujet d'importantes améliorations à introduire dans le système de la navigation maritime à la vapeur.

Ce rapport tendait, en substance,

1° A changer de suite la régulation fautive de tous les appareils de 160 chevaux construits en France, afin d'augmenter leur puissance, tout en réduisant notablement la dépense de vapeur et de combustible ;

2° A ne pas chercher seulement le point de fermeture de la vapeur affluente, pour le maximum de puissance dans un cylindre donné, afin de rendre aux appareils français leur puissance nominale de 160 chevaux qu'ils n'avaient pas, mais encore à faire une application beaucoup plus large du principe de la détente dans les machines à basse pression, afin de faire croître le rapport de la puissance à la dépense, sauf à retrouver une même force absolue par un agrandissement convenable de la capacité des cylindres, et, dans ce but, à arrêter l'introduction de la vapeur dès la moitié de la course, en prenant la capacité des cylindres et les proportions de tout le mécanisme comme pour une machine ordinaire de 200 chevaux, afin d'obtenir une force de 160 avec une dépense de vapeur moindre d'environ $\frac{1}{5}$;

3° A obtenir la libre disposition d'un des bateaux à vapeur de la marine royale de 160 chevaux, dans le courant de l'été de 1837, afin de constater expressément et directement par l'expérience tout ce que le sujet offrait d'utile à connaître, et de ne pas laisser planer le moindre soupçon d'exagération sur les assertions bien consciencieuses de l'auteur.

A la suite de ce rapport dans les *Annales maritimes*, partie non officielle, tome II, pages 10 à 24, se trouve un rapport de M. Hubert, directeur des constructions navales du port de Rochefort, à la date du 16 mars 1837, dont l'idée dominante vient parfaitement à l'appui de ce qui précède; seulement M. Hubert ne va pas encore aussi loin en y proposant, comme il le fait,

1° De supprimer la chemise des cylindres du *Sphinx* et de porter le diamètre du piston de 48 à 52 pouces anglais;

2° D'arrêter l'admission de la vapeur aux 0,80 de la course des pistons, sans aucune autre modification aux parties de la machine;

3° De conserver les mêmes roues, en modérant l'action de la vapeur en eau calme où la vitesse deviendrait trop grande.

Par la première de ces trois propositions, la capacité des cylindres serait de $160 \times \left(\frac{52}{48}\right)^2 = 187^{\text{chev.}},8$ seulement, au lieu de 200; par la seconde, la force expansive de la vapeur ne serait utilisée que de 4 à 5, au lieu de 4 à 8, et toutes les pressions statiques à transmettre par *les mêmes pièces* du mécanisme se trouveraient augmentées de $(48)^2$ à $(52)^2$, ou de 17 pour 100, en sorte qu'il pourrait y avoir défaut de solidité.

Par la troisième, en modérant simplement l'action de la vapeur, par une valve par exemple, au lieu d'un mécanisme à détente, on userait en pure perte absolument cette partie de la force expansive de la vapeur débitée qui correspondrait à la diminution de la tension produite par l'organe modérateur.

Les propositions de M. Hubert du 16 mars 1837 n'en constituaient pas moins un progrès fort important, plus considérable même que M. Hubert ne devait le penser, ainsi qu'on le verra plus loin, et l'on ne comprend pas que la marine ait pu ne pas encore en faire son profit jusqu'à ce jour (1843).

Le rapport du soussigné, du 7 décembre 1836, restait aussi dans l'oubli, sans le plus minime effet au dehors, bien que de nouvelles expériences faites à Lorient dans les épreuves de recette des paquebots-postes de la

Méditerranée, et d'autres expériences à Lorient et à Indret sur des bâtiments de la marine royale en 1837, toutes constatées par des procès-verbaux officiels avec les épures de régulation à l'appui, fussent venues confirmer et corroborer par autant de nouvelles preuves, sans aucune exception jamais, toutes les assertions antérieures.

Alors l'auteur se laissa conseiller de revoir ses calculs, et de les compléter de manière à en faire l'objet d'un mémoire à présenter au concours devant l'Académie des sciences. La remise du mémoire eut lieu quelques jours avant le 1er mai 1838.

Vain espoir; en juin 1839, aucun des sept ou huit mémoires déposés au secrétariat sous enveloppes cachetées n'avait encore été lu par les membres de la commission désignée pour juger le concours; le travail du soussigné, notamment, était parfaitement intact encore dans la boîte de fer-blanc où il avait été mis à Lorient quatorze mois auparavant, et comme les idées fondamentales de ce travail n'avaient jamais été un secret pour aucune des personnes qui tenaient à les connaître dans les ports, sans même parler des élèves à l'école du génie maritime qui en furent instruits tout au long chaque année, il était arrivé que ces idées avaient déjà grandement fructifié de différents côtés, et que par le moyen des épures de régulation, tant ovales que circulaires, dont il sera parlé tout à l'heure, tout le monde commençait à se familiariser avec les différents modes de régulation des fabricants anglais qui arrêtaient toujours l'admission de la vapeur vers les 0,80 ou 0,90, et Maudslay même aux 0,70 de la course des pistons, tandis que les fabricants français admettaient la vapeur jusqu'à la fin de la course, au grand détriment de la force motrice absolue, sans même parler du rapport de la puissance à la dépense de vapeur.

Par cette voie naturellement progressive des idées, les régulations vicieuses de nos machines françaises avaient déjà été corrigées généralement, et une partie de la vérité se faisait jour de toute part; au moment même (juin 1839), on eut connaissance du mode de régulation de quelques paquebots transatlantiques anglais, où la vapeur pouvait être arrêtée *facultativement* déjà aux 0,67 de la course, et l'on pouvait croire alors que la marine avait résolu tout à coup de mettre en essai, comme importation anglaise, une partie seulement des propositions qui avaient déjà été faites en France depuis 1836.

Pour échapper à cette humiliation et sauver au moins ses droits de priorité, l'ingénieur soussigné, présent alors à Paris, prit le parti de retirer son mémoire du secrétariat de l'Académie des sciences et de le déposer entre les mains de M. l'inspecteur général du génie maritime, qui, après en avoir pris connaissance, en approuva de suite alors, et à plusieurs reprises depuis, toutes les conclusions; qui donna même la promesse, aussi répétée plusieurs fois depuis, d'employer toute son influence, quand l'occasion s'en présenterait, pour en obtenir la mise à exécution.

Toutefois les choses en sont restées là exactement jusqu'à la dépêche du 6 août 1842, et le mémoire lui-même est resté inédit.

CHAPITRE II.

Analyse succincte du mémoire présenté au concours de l'Académie des sciences en avril 1838, et retiré en juin 1839.

Introduction. — Dans l'introduction, l'auteur explique d'abord l'épure circulaire qu'il a imaginée au commencement de l'année 1833, à l'occasion des machines du *Castor*, pour représenter le jeu d'un tiroir à excentrique, et toutes les circonstances de la régulation, en négligeant les obliquités périodiques des pièces de transmission.

Comment ensuite M. l'ingénieur Fauveau, un an plus tard, à l'occasion des machines du *Sphinx*, eut l'idée, pour ne rien négliger dans l'épure des tiroirs, de relever une série de cotes à bord lorsque la machine est déjà montée, et de construire une courbe ovale à axes rectangulaires au lieu d'une circonférence de cercle à axes obliques.

Le reste est un exposé historique des épreuves de recette des machines d'un grand nombre de bateaux à vapeur qui ont eu lieu au port de Lorient, et dont les procès-verbaux constatent les vitesses en même temps que les épures de régulation.

Il est fait mention encore de ce principe que, dans deux bateaux égaux et de même tirant d'eau, les effets utiles dynamiques sont mesurés par les cubes des vitesses des bateaux; qu'en eau calme le rapport de la vitesse d'un bateau à la vitesse des roues est sensiblement constant d'après l'expérience; que, si les roues sont aussi les mêmes dans deux bateaux égaux, ce rapport constant sera le même de part et d'autre; qu'ainsi les effets utiles dynamiques seront proportionnels aux cubes des nombres de tours de roues par minute; et qu'enfin les puissances totales des machines seront elles-mêmes dans le rapport des cubes des nombres de tours de roues.

L'introduction se termine par la transcription du rapport du 7 décembre 1836.

Chap. 1.—Une dissertation numérique des puissances développées par les machines, avec les différents modes de régulation essayés, tantôt sur un même bateau, tantôt sur deux bateaux égaux, amène la conclusion majeure que voici :

Dans des machines à vapeur à basse pression disposées et proportionnées comme celles du *Sphinx*, avec un tiroir à excentrique qui doit fermer l'entrée de la vapeur aux 0,90 de la course, si l'on avance ou recule le toc de l'excentrique sur l'arbre moteur, de manière à faire varier le point de fermeture *du même tiroir* depuis les 0,80 jusqu'à la course entière, la puissance de la machine, ramenée par le calcul à une vitesse commune, ou, en d'autres termes, le travail utile de chaque coup de piston, avec une tension donnée constante dans les chaudières, bien loin d'être proportionnel au volume de vapeur dépensé, est au contraire à son minimum quand la fermeture a lieu à la fin de la course, et croît rapidement à mesure que l'on donne moins de vapeur jusqu'à ce que la fermeture arrive enfin vers les 0,854.

A cette fraction d'introduction correspond le maximum absolu de puissance du cylindre donné, et de son tiroir également donné. A une moindre introduction la puissance diminue en même temps que la dépense de vapeur, mais le rapport de la puissance à la dépense ne cesse pas d'aller encore en augmentant.

Le tout est résumé par un tableau des coordonnées x, y d'une courbe dont les abscisses x représentent les différentes fractions de courses d'introduction essayées, et les ordonnées y les puissances correspondantes de la machine.

Pour $x = 1,00$ on a $y = 0,82$
id. $x = 0,90$ *id.* $y = 0,96$
id. $x = 0,854$ *id.* $y = 1,00$
id. $x = 0,70$ *id.* $y = 0,95$

Chap. 2. — Ici on trouve la théorie ordinaire des machines à vapeur à détente, avec la supposition fautive d'une raréfaction instantanée dans le cylindre aussitôt que la vapeur, qui a cessé d'agir vers la fin de la course, est mise en communication avec le condenseur.

Les résultats de cette théorie sont naturellement fort en désaccord avec les faits d'expérience du chapitre précédent.

Chap. 3.—Pour expliquer le désaccord entre la théorie et l'expérience, on invoque d'abord une formule du cours de mécanique de M. Navier, à l'école des ponts et chaussées, laquelle permet de calculer approximativement le temps nécessaire pour que la pression de la vapeur, qui a cessé d'agir utilement dans le cylindre, puisse être réduite à différentes fractions de sa valeur initiale; en appliquant cette formule aux machines du *Lycurgue*, et tenant compte de l'ouverture progressive de l'orifice, on trouve que, dans un intervalle de temps de 0'',4 à 0'',5, pendant lequel la manivelle décrit un arc de 60°, la tension de la vapeur ne doit être réduite encore qu'à moitié, et qu'au bout de 0'',7 seulement, lorsque la manivelle aura décrit un arc de 90°, la tension dans le cylindre sera ramenée à une fois et demie celle du condenseur.

A la vérité, dans les expériences du chapitre 1er le tiroir était construit pour fermer aux 0,90 de la course, et en avançant le toc de manière à fermer plus tard, il est arrivé nécessairement que la vapeur ne pouvait commencer à affluer que lorsque le piston avait déjà fait un petit chemin par le seul effet de la vitesse existante de l'arbre des roues, et toutes les régulations françaises étaient dans ce cas; lors donc que la vapeur arrivait, elle avait à remplir un espace vide sans avoir agi sur le piston dans le parcours déjà effectué. Mais toutes les épures de régulation font connaître ce parcours, qui était au plus, quelquefois, les 0,02 de la course entière, et il est évident que la perte spéciale qui en provenait ne pouvait être que tout à fait insignifiante, relativement aux pertes considérables des premières lignes du tableau qui termine le chapitre 1er.

On cite ensuite les courbes, fig. 9, *Pl.* XVIII de l'édition française de l'ouvrage de Tredgold, qui ont été obtenues par l'indicateur, fig. 1, *Pl.* XIX, article 560, page 449 du texte, et qui entraînent non-seulement les mêmes conséquences générales sur la difficulté d'opérer le vide assez promptement dans un cylindre à toute vapeur, mais conduisent encore aux mêmes résultats numériques que les expériences directes du chapitre 1er.

Avec un tel faisceau de preuves, il ne pouvait y avoir aucune hésitation à déclarer que, dans des machines à vapeur à basse pression disposées et proportionnées comme celle du *Sphinx*, le vide n'a pas le temps de s'opérer convenablement dans les cylindres à chaque course accomplie, quand les points de fermeture avec la chaudière, et par conséquent les points subséquents d'ouverture avec le condenseur, sont placés trop près des points morts; que le plus essentiel, par conséquent, sera de reculer beaucoup en arrière des points morts les points d'ouverture au condenseur, ce qui fera reculer nécessairement aussi les points de fermeture avec la chaudière, indépendamment d'aucune considération sur la détente proprement dite.

Quant aux points d'ouverture avec la chaudière au commencement d'une course, l'auteur n'y a jamais attaché d'autre importance que celle de régler ces points d'ouverture par expérience, de manière que l'instant précis du changement de la traction en pression, ou inversement, dans la grande bielle sur le bouton de la manivelle, coïncide le mieux possible avec les passages de ce bouton aux points morts même, sans se préoccuper d'ailleurs si cette coïncidence pourrait amener le point d'ouverture un peu avant ou un peu aprés le point mort.

La fraction de course d'introduction est réservée pour les discussions ultérieures du sujet; mais, quant à l'arc d'ouverture avec le condenseur avant les points morts, il y a lieu d'intercaler ici que, dans les relations du soussigné avec M. l'inspecteur général du génie maritime en juin 1839, l'arc de ce recul a été fixé à 30°, même alors que la fermeture avec la chaudière aurait déjà lieu aux 0,50 de la course.

Une comparaison plus récente des épures de régulation de MM. Maudslay et Miller, avec une fraction de course d'introduction de 0,70 à 0,75, a appris que le même arc dans le mode de régulation de ces fabricants est de 30 à 33°.

Dans cet ordre d'idées, quand une fois les points d'ouverture et les points de fermeture à la chaudière auront été suffisamment reculés en arrière des points morts pour que la raréfaction s'opère convenablement dans le cylindre, il n'y aura plus aucune raison pour qu'une réduction ultérieure de la fraction de course d'introduction x, sans changement du point d'ouverture au condenseur, n'amène pas des variations de puissance à très-peu près conformes à la théorie du chapitre II.

Par cette observation fort simple, on a pu continuer d'une manière assez satisfaisante, par le calcul seulement, le tableau final du chapitre Ier pour toutes les valeurs de x au-dessous de 0,70 qui n'ont pas été expérimentées.

Le tout est compris dans le tableau fondamental ci-après, qui, lui-même, a été vérifié encore de la manière la plus heureuse par le relevé graphique des aires des courbes déjà citées fig. 9, pl. XVIII, de l'édition française de Tredgold.

Tableau indiquant les rapports comparatifs de la dépense de vapeur et de la puissance produite dans un appareil donné (conforme à ceux des bateaux à vapeur de la marine royale d'une force nominale de 160 chevaux) lorsqu'on arrêtera l'arrivée de la vapeur à diverses fractions x de la course du piston.

DÉPENSE de vapeur x	TRAVAIL produit y	DÉPENSE de vapeur x	TRAVAIL produit y	DÉPENSE de vapeur x	TRAVAIL produit y
1,000	0,8209	0,873	0,9770	0,50	0,810
0,988	0,8390	0,854	1,0000	0,45	0,759
0,975	0,859	0,850	1,0000	0,40	0,701
0,974	0,8607	0,824	0,9947	0,35	0,634
0,971	0,8647	0,812	0,9920	0,30	0,558
0,950	0,8968	0,800	0,989	0,25	0,470
0,934	0,9224	0,750	0,971	0,20	0,370
0,911	0,9543	0,707	0,953	0,15	0,250
0,905	0,9621	0,70	0,950	0,10	0,109
0,900	0,9696	0,65	0,922	0,05	—0,068
0,898	0,9718	0,60	0,891	0,00	—0,349
0,892	0,9800	0,55	0,853		

Chap. 4.—En partant des résultats du tableau précédent, on insiste par-

ticulièrement ici, d'abord sur la grande infériorité des régulations françaises, qui admettent la vapeur jusqu'à la fin même de la course, et ensuite sur l'importance des propositions de M. Hubert, du 16 mars 1837, importance bien plus considérable que M. Hubert ne devait le penser, puisqu'il parle seulement de l'accroissement de force motrice pour une dépense de vapeur donnée sans connaître la circonstance principale, qui est la difficulté de faire assez promptement le vide dans un cylindre à toute vapeur.

La conclusion est donc en faveur de l'admission de ces propositions comme premier pas au moins dans une voie sérieuse de progrès, dont le terme sera posé au chapitre suivant, au point de vue de la détente proprement dite.

Chap. 5.—Revenant au tableau final du chapitre 3, à ce tableau fondamental des puissances d'un même cylindre avec diverses fractions de course d'introduction x, et invoquant encore quelques données pratiques des appareils connus de 160 chevaux, système *Sphinx*, on se livre à une discussion étendue des principales faces de la question.

Le développement des conséquences logiques du tableau fondamental et des données invoquées forme, en résumé, le nouveau tableau que voici :

Tableau des principaux résultats qu'on obtiendrait à égale puissance motrice [...] course des pistons, et application de ces résultats à un bâtime[...]

1	2	3	4	5	6	7	8	9	10	11	12	13	14
Fraction de la course pendant laquelle la vapeur afflue dans le cylindre.	Volume du cylindre.	Dépense de vapeur et de comb.	Poids			Poids absolu d'un appar. de 160 chev.	Dépenses annuelles en argent pour un appareil de 160 chevaux.						
			de la mach.	de la chaud.	d'un appar. compl.		Intérêt du capital d'achat de l'appar.	Consommat. du comb.			Totaux.		
								100 jours de chauffe.	150 jours de chauffe.	200 jours de chauffe.	100 jours de chauffe.	150 jours de chauffe.	200 jours de chauffe.
x	$\frac{1}{y}$	$\frac{1}{0,854}\frac{x}{y}$	$Q = 0,625 \frac{1}{y}$	$q = \frac{0,375\, x}{0,854\, y}$	$p = Q + q$	P = 160 p	100 P	$\frac{60\, x}{0,854\, y}$	$\frac{90\, x}{0,854\, y}$	$\frac{120\, x}{0,854\, y}$			
unités.	unités.	unités.	unités.	unités.	unités.	tonneaux.	mille fr.	mille fr.	mille fr.	mille fr.	mille fr.	mille fr.	mille fr.
1,000	1,218	1,427	0,761	0,535	1,296	207,36	20,74	85,62	128,43	171,24	106,36	149,17	191,98
0,975	1,164	1,329	0,728	0,498	1,226	196,16	19,62	79,74	119,61	159,48	99,36	139,23	179,10
0,950	1,115	1,240	0,697	0,465	1,162	185,92	18,59	74,40	111,60	148,80	92,99	130,19	167,39
0,898	1,029	1,082	0,643	0,406	1,049	167,84	16,78	64,92	97,38	129,84	81,70	114,16	146,62
0,854	1,000	1,000	0,625	0,375	1,000	160,00	16,00	60,00	90,00	120,00	76,00	106,00	136,00
0,80	1,011	0,947	0,632	0,355	0,987	157,92	15,79	56,82	85,26	113,64	72,61	101,05	129,43
0,75	1,030	0,904	0,644	0,339	0,983	157,28	15,73	54,24	81,36	108,48	69,97	97,09	124,21
0,70	1,053	0,863	0,658	0,324	0,982	157,12	15,71	51,78	77,67	103,56	67,49	93,38	119,27
0,65	1,085	0,826	0,678	0,310	0,988	158,08	15,81	49,56	74,34	99,12	65,37	90,15	114,93
0,60	1,122	0,789	0,701	0,296	0,997	159,52	15,95	47,34	71,01	94,68	63,29	86,96	110,63
0,55	1,172	0,755	0,734	0,283	1,017	162,72	16,27	45,30	67,95	90,60	61,57	84,22	106,87
0,50	1,235	0,723	0,772	0,271	1,043	166,88	16,69	43,38	65,07	86,76	60,07	81,76	103,45
0,45	1,318	0,694	0,823	0,260	1,083	173,28	17,33	41,64	62,46	33,28	58,97	79,79	100,61
0,40	1,427	0,668	0,892	0,251	1,143	182,88	18,29	40,08	60,12	80,16	58,37	78,41	98,45
0,35	1,577	0,646	0,986	0,242	1,228	196,48	19,65	38,76	58,14	77,52	58,41	77,79	97,17
0,30	1,792	0,630	1,120	0,236	1,356	216,96	21,70	37,80	56,70	75,60	59,50	78,48	97,30
0,25	2,128	0,623	1,330	0,234	1,564	250,24	25,02	37,38	55,07	72,76	62,40	80,09	97,78
0,20	2,703	0,633	1,689	0,237	1,926	308,16	30,82	37,98	56,97	75,96	68,80	87,79	106,78
0,15	4,000	0,703	2,500	0,263	2,763	442,08	44,21	42,18	63,27	84,36	86,39	107,48	128,57
0,10	9,174	1,074	5,734	0,403	6,137	981,92	98,19	64,44	96,66	128,88	162,63	194,85	227,07

iverses machines , en arrêtant l'admission de la vapeur à diverses fractions x de la apeur de la marine royale d'une force nominale de 160 chevaux.

15	16	17	18	19	20	21	22	23	24	25
Approvisionnement de charbon de terre à loger avec un exposant de charge de			Durée d'un approvis. complet de combustible pour un exposant de charge de			Poids d'un appareil et d'un approvisionnement de combustible pour un trajet donné de				OBSERVATIONS.
250 tonneaux.	340 tonneaux.	430 tonneaux.	250 tonneaux.	340 tonneaux.	430 tonneaux.	3 journées de marche.	6 journées de marche.	12 journ. de marche.	24 journ. de marche.	
250— P	340— P	430— P	250—P 18 x 0,854 y	340—P 18 x 0,854 y	430—P 18 x 6,854 y	P + 3×18 x 0,854 y	P + 6×18 x 0,854 y	P + 12×18x 0,854 y	P + 24×18x 0,854 y	
tonneaux.	tonneaux.	tonneaux.	jours.	jours.	jours.	tonneaux.	tonneaux.	tonneaux.	tonneaux.	
42,64	132,64	222,64	1,660	5,162	8,666	284,4	361,5	515,6	823,9	Appareils français fictivement agrandis de manière que leur puissance puisse être regardée comme étant réellement égale à 160 chevaux.
53,84	143,84	233,84	2,251	6,011	9,774	267,9	339,7	483,2	770,3	
64,08	154,08	244,08	2,871	6,904	10,935	252,9	319,9	453,8	721,6	
82,16	172,16	262,16	4,218	8,842	13,463	226,3	284,7	401,5	635;2	Régulation du *Sphinx* (M. Fawcet).
90,00	180,00	270,00	5,000	10,000	15,000	214,0	268,0	376,0	592,0	Régulation du *Papin* (M. Jackson). Maximum de puiss. dans un cylindre donné.
92,08	182,08	272,08	5,390	10,66	15,93	209,1	260,2	362,5	567,0	
92,72	182,72	272,72	5,698	11,23	16,76	206,1	254,9	352,5	547,8	Régulation de M. Maudsley.
92,98	182,88	272,88	5,986	11,77	17,57	203,7	250,3	343,5	529,9	
91,92	181,92	271,92	6,182	12,23	18,29	202,7	247,3	336,5	514,9	
90,48	180,48	270,48	6,371	12,71	19,05	202,1	244,7	329,9	500,3	
87,28	177,28	267,28	6,422	13,05	19,67	203,5	244,3	325,8	488,9	
83,12	173,12	263,12	6,387	13,30	20,22	205,9	245,0	323,0	479,2	État moyen le plus avantageux.
76,72	166,72	256,72	6,142	13,35	20,55	210,8	248,2	323,2	473,1	
67,12	157,12	247,12	5,582	13,07	20,55	219,0	255,0	327,2	471,5	
53,52	143,52	233,52	4,603	12,34	20,08	231,4	266,3	336,0	475,6	
33,04	123,04	213,04	2,914	10.85	18,78	251,0	285,0	353,1	489,2	
»	89,76	179,76	»	8,004	16,03	283,9	317,5	384,8	519,3	Minimum de dépense de vapeur et de combustible pour une puissance donnée.
»	31,84	121,84	»	2,795	18,69	342,4	376,5	444,9	581,7	Cas absolument désavantageux.
»	»	»	»	»	»	480,0	518,0	593,9	745,8	
»	»	»	»	»	»	1039,9	1097,9	1213,9	1445,9	

Le point de départ et le principe dominant dans la confection de ce nouveau tableau ont été ceux-ci :

Lorsque, dans une machine à vapeur quelconque, bien proportionnée dans toutes ses parties pour une certaine tension donnée dans les chaudières, l'on vient à changer arbitrairement la fraction de course d'introduction x, la puissance ou le travail de la machine change aussi; mais les pressions statiques à transmettre par les pièces mobiles et fixes ne cesseront pas d'avoir les mêmes valeurs maxima, lesquelles dépendront seulement de la tension donnée dans la chaudière et nullement de la variable arbitraire x.

Il en faut donc conclure que la machine donnée ne cessera pas d'être bien proportionnée toujours et d'avoir la même solidité, quelle que puisse être d'ailleurs la puissance correspondante.

Le condenseur seulement et la pompe à air seraient susceptibles d'être réduits en même temps que le volume de vapeur débité; mais, si quelquefois la vitesse des roues venait à diminuer comme dans un bateau à vapeur, et qu'à cette moindre vitesse on voulût introduire la même masse de vapeur produite par les chaudières pendant une plus grande fraction de la course, jusqu'aux 0,90, par exemple, alors il est clair que la pompe à air ne devrait pas être moindre qu'à l'état primitif, et le condenseur lui-même ne devrait pas être trop réduit.

En résumé donc, une machine à vapeur quelconque d'un bateau à vapeur, actuellement bien proportionnée et suffisamment solide, ne cessera pas de remplir la même condition, quelque changement qu'on veuille apporter ensuite à la fraction de course x et à la puissance correspondante.

Ceci étant, quand, d'un autre côté, toutes les dimensions linéaires d'une machine actuellement bien proportionnée viendront à être augmentées dans un seul et même rapport, il est facile de voir aussi que l'harmonie de la première machine sera encore exactement la même dans la machine nouvelle, soit que l'on veuille considérer les pièces qui résistent par traction ou par pression, soit que l'on veuille examiner celles qui résistent par flexion transversale.

Ainsi donc, toute machine actuellement bien faite pourra être construite semblablement à elle-même sur telle échelle qu'on voudra sans cesser de remplir les mêmes conditions de solidité, et, dans ce cas, le poids de la machine croîtra comme le cube des dimensions linéaires ou, en d'autres termes, comme le volume du cylindre.

Mais à vitesse égale des pistons, et même à vitesse inégale, entre des limites assez écartées, évidemment la puissance par chaque tour de roue croîtra très-sensiblement aussi comme le volume du cylindre (*), tant que la fraction de course x sera la même, et, par suite, l'on pourra dire enfin d'une manière rationnellement satisfaisante, que *les poids des machines et les puissances par chaque tour de roue varieront ensemble comme trois dimensions linéaires.*

Dans le mémoire, surtout, dont il est question, ce principe général est d'autant plus applicable, que toutes les idées y ont toujours été tendues vers un même bateau, muni des mêmes roues et animé d'une même force motrice, dite de 160 chevaux, avec la course la plus égale possible dans l'exécution des machines.

La seule remarque qu'il y ait encore à faire, c'est que le poids des chaudières vides a été confondu, par mégarde, avec le poids des chaudières pleines, et que le poids de l'eau contenue (de 33 tonneaux dans le *Sphinx* type) a été omis dans la colonne 7e d'abord, et ensuite dans les autres colonnes depuis la 15e jusqu'à la 24e; la correction aurait été facile à faire ici, mais, pour éviter toute confusion, et en partie aussi parce que le poids des machines de Maudsley, de 160 chevaux, dépasse à peine 160 tonneaux, les chaudières pleines, on a préféré conserver le tableau primitif, duquel ressortaient des raisons amplement suffisantes, pour essayer de suite des machines à basse pression et à détente, depuis les 0,50 de la course, *au seul point de vue de l'allure normale en eau calme.*

Chap. 6.— Dans le présent chapitre, on débute par mettre à néant tout ce qui précède comme s'il n'en avait jamais été question.

On considère uniquement le ralentissement des roues dans toutes les circonstances défavorables de tirant d'eau, de mauvaise mer et de remorque accidentelle.

On invoque ensuite en fait que le mécanisme de nos bateaux actuels de 160 chevaux est tellement réglé, que la vitesse normale des roues, pour une force nominale de 160 chevaux, ne peut être atteinte qu'en eau calme, au tirant d'eau normal de 3 mèt. 33, qui excède à peine le tirant d'eau lége au lieu d'être le tirant d'eau moyen de la navigation;

Qu'ainsi, dans l'allure la plus habituelle des machines, on ne peut pas dé-

(*) Pour la généralité absolue de ce principe, quelle que fût la vitesse du piston, il faudrait que les surfaces de tous les passages de vapeur, y compris la section transversale du tiroir et de sa boîte, variassent proportionnellement au volume déplacé par le piston, ou à la quantité d^2w, en désignant par d le diamètre, et par w la vitesse du piston; alors les volumes ou les poids des tiroirs et des tuyaux à vapeur croîtraient comme les forces nominales en chevaux-vapeur, et feraient exception à la règle d'une parfaite similitude des machines dans toutes leurs parties, chaque fois que la vitesse w ne serait pas la même de part et d'autre; mais cette exception ne mérite pas d'être prise en considération ici, et il n'en sera particulièrement question qu'au chap. VII et à la fin du chap. XVII.

biter toute la vapeur produite par les chaudières, ni, par conséquent, disposer d'une force motrice de 160 chevaux ;

Que de mauvais temps surtout, il n'est pas rare de voir la vitesse des roues réduite à moitié, et qu'alors on ne peut débiter que pour 80 chevaux de vapeur, à l'instant précisément où l'on aurait le plus grand besoin de force motrice, quel qu'en fût d'ailleurs le prix de revient dans ce cas particulier.

On cite encore les tentatives faites autrefois par M. Marestier et renouvelées en dernier lieu par M. Gengembre, sur le *Vautour*, pour remédier à ce défaut général de nos bateaux à vapeur, en construisant des chaudières cylindriques capables de résister à la pression croissante de la vapeur pendant que la vitesse des roues irait en diminuant.

On observe enfin que le résultat de ces tentatives n'a pas été heureux par l'emploi évidemment des chaudières cylindriques, et que le même but pourrait être atteint par des chaudières ordinaires à basse pression, auxquelles seules il faut attribuer la supériorité incontestable jusqu'à ce jour des machines à basse pression dans la navigation maritime ;

Que, pour atteindre le but énoncé avec des chaudières ordinaires à basse pression, il suffirait d'élargir les cylindres sans changer la course, de manière que, à une vitesse donnée un peu faible des roues, les 0,6, par exemple, de la vitesse normale primitive en eau calme, toute la vapeur produite dans les chaudières peut être débitée par les cylindres, à telle fraction de course d'introduction x que l'on voudrait ;

Que, cependant, l'emploi de la détente pourrait offrir des inconvénients dans une mer fortement agitée, en ce que la pression de la vapeur sur les pistons ne serait pas toujours assez soutenue contre l'inégale action des lames, qu'ainsi il serait prudent de fixer la valeur de x entre 0,80 et 0,90 dans le mauvais temps, par exemple à 0,854 ;

Que, lorsqu'une machine ainsi disposée viendrait à fonctionner en eau calme, la vitesse des roues deviendrait trop grande et la tension ne pourrait pas se maintenir dans les chaudières, si l'on ne prenait pas le parti de modérer alors l'action de la vapeur ;

Que, au lieu d'un modérateur ordinaire, comme d'une simple valve par exemple, qui userait en pure perte absolument cette partie de la force expansive de la vapeur débitée qui correspondrait à la diminution de la tension produite par l'organe modérateur, il serait préférable d'employer un mécanisme à détente variable, afin d'accroître la force motrice ;

Que, dans cet ordre d'idées, on aurait une bonne combinaison en disposant des cylindres à détente à partir de la moitié de la course en eau calme ; que l'avantage principal ne cesserait pas de subsister alors même que l'accroissement de la force motrice, par l'emploi de détente en eau calme, serait nul;

Que le but serait encore mieux atteint si l'on faisait commencer la détente avant la mi-course en eau calme, mais que l'augmentation de poids des machines, à force égale, ne tarderait pas à entraîner des inconvénients majeurs, et que, en même temps, la faculté de marcher à pleine vapeur jusqu'à la grande introduction, les 0,854 par exemple, pourrait se trouver restreinte à de trop faibles vitesses pour n'avoir pas à redouter quelquefois l'action trop inégalement soutenue de la vapeur sur les pistons dans le mauvais temps;

Que, en attendant que l'expérience ait résolu ce dernier point de la question, il était prudent de s'en tenir à la conclusion finale des chapitres précédents, en ne faisant pas commencer la détente avant la moitié de la course en eau calme.

Tel est le résumé succinct des principales considérations du chapitre 6, tirées des seules circonstances de la navigation maritime, dans tous les cas défavorables de tirant d'eau, de vent, de mauvaise mer et de remorque accidentelle, sans aucune mention nécessaire du contenu des chapitres précédents, tous relatifs à l'allure normale en eau calme seulement.

Après une récapitulation aussi succincte du texte que celle qui vient d'être amenée à sa fin, il serait inutile de rapporter littéralement ici toutes les conclusions; elles consistent sommairement :

1° A corriger la régulation vicieuse des appareils français en n'y admettant pas la vapeur au delà des 0,854 environ de la course;

2° A faire une plus large application encore de la détente dans les machines à basse pression, afin d'économiser le combustible;

3° A faire commencer la détente, avantageusement peut-être déjà, dès le tiers de la course dans de certaines machines à terre, mais pas avant la moitié de la course dans les bateaux à vapeur, afin de ne pas trop augmenter le poids des machines;

4° A employer surtout la détente à partir de la moitié de la course dans la navigation en eau calme, afin de pouvoir débiter encore toute la vapeur des chaudières dans le mauvais temps, lors même que l'emploi de la détente ne produirait aucun accroissement de force motrice dans l'allure normale.

Il ne sera pas inutile cependant de transcrire littéralement le formulaire ci-après, au profit de la marine royale, qui termine la première partie du mémoire en question.

« On commandera un appareil ordinaire de 200 chevaux chez un des « meilleurs fabricants d'Angleterre, en stipulant les dispositions ci-après :

« 1° Il n'y aura point de chemise autour du cylindre à vapeur;

« 2° La course du piston différera le moins possible de celle d'un appareil « ordinaire de 160 chevaux;

« 3° Le diamètre des roues sera proportionné à la course comme dans un « appareil ordinaire de 160 chevaux ;

« 4° Le tiroir principal, mû, comme à l'ordinaire, par un excentrique cir- « culaire, permettra la libre affluence de la vapeur dans le cylindre jus- « qu'aux $\frac{4}{5}$ ou $\frac{5}{6}$ seulement de la course;

« 5° Dans le tuyau de conduite, qui versera la vapeur dans la boîte du « tiroir précédent, et le plus près possible des parois mêmes de cette boîte, sera « établie une plaque glissante mise en mouvement par un second excen- « trique, dont la bielle ou quelque autre pièce correspondante pourra être « allongée ou raccourcie, ou déplacée entre deux limites déterminées, de « manière à faire fermer le passage de la vapeur en un point quelconque, « compris entre la moitié et les $\frac{4}{5}$ de la course, pendant que l'ouverture du « même passage tombera toujours entre le point de fermeture du tiroir prin- « cipal et le point d'ouverture subséquent du tiroir principal au commen- « cement de la course suivante; ce second excentrique devra pouvoir être « embrayé ou désembrayé à volonté comme le premier, de telle sorte que, « lorsqu'on ne s'en servira pas, la machine ne diffère pas d'une machine or- « dinaire de 200 chevaux, sauf en ce qui concerne le moindre diamètre des « roues.

« Cette machine sera montée sur un bateau ordinaire, dit de 160 chevaux, « et alimenté par *une chaudière de* 120 *chevaux seulement*, sans aucun autre « changement en quoi que ce soit.

« Après l'achèvement du montage, on procédera à telles expériences com- « paratives qu'il pourra être jugé utile pour constater la bonté du système; « si les résultats n'étaient pas reconnus favorables, on démonterait la chau- « dière de 120 chevaux pour l'utiliser sur un des bâtiments actuels de même « force nominale, et on achèterait une nouvelle chaudière de 160 ou de « 180 chevaux pour transformer les machines en un appareil modifié con- « formément aux principes de M. Hubert.

« Enfin, si l'on voulait acheter une nouvelle chaudière de 200 chevaux, il « suffirait de relever un peu l'arbre des roues et d'augmenter le diamètre de « celles-ci pour avoir un appareil ordinaire de 200 chevaux.

« Lorient, le 22 septembre 1837. »

2e PARTIE. — Le mémoire entier contient une deuxième partie, qui peut être résumée plus rapidement.

Chap. 1. — En donnant une plus grande extension aux principales considérations des chapitres 2 et 5 de la première partie, on établit ici la théorie des machines à haute pression et à détente d'après les propriétés physiques du calorique et de la vapeur d'eau : on reconnaît d'abord qu'il règne encore trop d'incertitude dans les principes invoqués pour en déduire des résultats suffisamment précis.

Cependant, en admettant les données les plus probables, on arrive à des conséquences beaucoup moins exagérées que les partisans les plus zélés de ces machines en France.

Ainsi, à puissance égale, il n'y aurait aucune économie notable de vapeur, ni à élever la tension dans les chaudières au delà de 3 à 5 atmosphères, ni à faire commencer la détente avant le tiers et même la moitié de la course.

Avec plus de détente le poids des appareils serait excessif.

Et, avec détente à partir du tiers ou de la moitié de la course, il n'y aurait aucune réduction de poids comparativement aux machines à basse pression, où la détente commencerait aussi à la moitié de la course; le seul avantage serait finalement une économie de vapeur de 25 pour 100 au plus sur ces dernières; mais, par la nature même des chaudières à haute pression, du moins dans les bateaux à vapeur sinon à terre, il y aurait fort à douter qu'une économie de 25 pour 100 de vapeur à tension un peu élevée pût entraîner une économie quelconque de combustible.

La conclusion est donc contre les machines à haute pression dans la navigation maritime.

Chap. 2. — On trouve ici quelques considérations sur les explosions et le dépôt dans les chaudières. L'auteur résiste à l'emploi de l'argile qui venait alors justement d'être proposé à la marine; d'après l'opinion actuelle des personnes les plus compétentes, l'expérience paraît avoir justifié ses prévisions.

Chap. 3. — Une nouvelle théorie des roues à aubes fixes et mobiles.

L'auteur rejette les roues anglaises à aubes mobiles et préfère les roues à aubes fixes à tous les autres systèmes dans l'allure normale en eau calme.

Le chapitre finit par des considérations générales sur les roues à aubes fixes, dont il sera parlé plus loin, avec des développements particuliers, aux chapitres IV et XVI.

Chap. 4. — L'auteur regarde les formes de carène des bateaux à vapeur les plus allongées et les plus aiguës comme étant celles de moindre résistance; il ajoute que toutes les grandes difficultés de la navigation à la vapeur ne pourront être surmontées qu'en agrandissant à la fois les coques des navires et les forces des machines.

Ainsi, par exemple, pour des traversées de 20 jours, sans aucune innovation ni consolidation nouvelle dans la construction, il propose des machines de 375 chevaux.

L'expérience s'est chargée depuis de vérifier ses prévisions.

Chap. 5.—Il est question ici des perfectionnements généraux du mécanisme des machines; l'auteur témoigne une grande prédilection pour les machines ordinaires à balancier, sans contester toutefois que, pour des machines de 400 à 800 chevaux, l'on ne puisse trouver d'autres dispositions également heureuses.

APPENDICE. — Sous ce titre final, on trouve la théorie de l'excentrique triangulaire qui ne vaut pas en somme l'excentrique ordinaire, contrairement à une opinion fort répandue.

CHAPITRE III.

LA DÉPÊCHE DU 6 AOUT 1842.

Le formulaire placé à la suite des conclusions de la première partie du mémoire qui vient d'être analysé commence ainsi :

« On commandera un appareil ordinaire de 200 chevaux chez un des « meilleurs fabricants d'Angleterre, etc. »

L'auteur s'était exprimé ainsi de propos bien délibéré, afin de maintenir tout entier son libre arbitre dans l'appréciation de la machine pendant le cours des épreuves, et d'éviter que la réussite du système proposé ne pût être compromise par quelque innovation fâcheuse, ou par l'inexpérience de quelque fabricant nouveau.

La coque aurait aussi dû être la même que celle des autres bâtiments de 160 chevaux, système *Sphinx*, afin que les résultats fussent exactement comparables.

Le ministre ayant décidé, au contraire, par la dépêche du 6 août 1842, qu'il serait dressé un nouveau plan de bâtiment, et que l'auteur du système serait chargé lui-même d'établir le plan des machines, il reste à expliquer comment cette tâche a été remplie.

CHAPITRE IV.

PRINCIPES GÉNÉRAUX DE L'ÉTABLISSEMENT DU MÉCANISME DES BATEAUX A VAPEUR.

Soit F L le plan de flottaison d'un bateau à vapeur donné A B.

Prenons arbitrairement quelque part sur la coque un point C pour l'axe des roues.

Sur l'arbre dirigé par le point C comme centre, fixons un certain nombre de bras rigides, également espacés, pour soutenir autant de pales d'égal largeur et d'égale hauteur, dont le bord extérieur sur une même circonférence de cercle corresponde à l'extrémité même des bras.

Imaginons ensuite qu'une force motrice rotative donnée, de 160 chevaux par exemple, réside dans l'arbre des roues.

Supposons d'abord le rayon au bord extérieur des pales inférieur à la hauteur C H, en sorte que les pales tournent dans l'air.

Alors, en vertu d'une force motrice de 160 chevaux, les roues devront tourner avec une vitesse excessive, jusqu'à ce que les 160 chevaux de force ou de travail mécanique soient exactement usés par la résistance de l'air.

Ainsi le nombre des tours de roues sera très-grand, mais le bateau ne marchera pas.

Il en sera encore ainsi lorsque le bord extérieur des pales arrivera à fleur d'eau en H, et à cet instant nous porterons une longueur H M, égale au nombre des tours de roues par minute sur l'horizontale F L prolongée comme axe des y, le bateau ne marchant pas.

Lorsque ensuite le rayon des pales augmentera un peu, celles-ci battront un mince filet d'eau, et il y aura une petite force pour faire avancer le bateau; mais, comme cette force chargera la roue outre la résistance de l'air, le nombre des tours par minute sera nécessairement moindre.

Au fur et à mesure que les pales immergeront davantage à leur bord inférieur, par l'allongement des bras qui les portent, la hauteur C H restant constante, la roue agira sur une plus grande masse d'eau et le nombre des tours par minute devra diminuer indéfiniment, puisque la force motrice ou le travail dynamique à dépenser est supposé exactement constant.

Ainsi donc, en prenant C K pour l'un des rayons de la roue au bord extérieur des pales, et portant une longueur horizontale K N égale au nombre des tours de roues correspondants par minute, on aura par le lieu des points N la courbe des nombres de tours de roues pour une force motrice constante, et cette courbe M N N' R, en partant du point M, convergera rapidement vers la verticale C H prolongée, comme axe des x et comme droite asymptote.

On pourra de même porter une distance K V égale à la vitesse du bateau, et construire le lieu des points V à partir du point H jusqu'à l'infini.

Or la vitesse du bateau, nulle à l'origine quand le bord extérieur des pales atteignait le point H, augmentera d'abord rapidement.

Mais cette vitesse sera nécessairement toujours limitée, puisque la force motrice est supposée constante, et, quand l'immersion des pales deviendra excessive, il est évident encore que la majeure partie de la force motrice sera employée à battre inutilement l'eau dans une mauvaise direction, et à ne pas faire avancer beaucoup le bateau.

Donc la courbe des vitesses du bateau H V V' S, en partant du point H, ne tardera pas à avoir une certaine ordonnée maximum K' V', et à revenir ensuite aussi vers l'axe des x ou la verticale C H indéfiniment prolongée, comme droite asymptote.

Cela posé, il est clair que la théorie des roues à aubes résidera tout entière dans la nature des courbes H V V' S, M N N' R, et que l'abscisse H K' de l'ordonnée maximum K' V' sera la profondeur d'immersion la plus avantageuse que l'on puisse donner aux pales de la roue dont l'axe aura été établi à une hauteur C H au-dessus de l'eau, pour une force motrice de 160 chevaux; et, dans cet état, le nombre de tours de roues par minute devra être égal au nombre d'unités linéaires contenues dans la droite K' N'.

Il ne serait pas difficile, ainsi qu'on le verra tout à l'heure, de construire expérimentalement les deux courbes H V V' S, M N N' R, en opérant sur de petits modèles dans un port sans marées comme celui de Toulon, ou dans un bassin approprié à la circonstance, et la lumière qui en jaillirait dans l'établissement des bateaux à vapeur serait immense, comme on va le voir.

Ainsi, en conservant la même hauteur C H et la même force motrice, on pourrait d'abord changer le nombre des pales et s'arrêter à celui des nombres essayés qui aurait donné la plus grande valeur pour K' V', ou seulement l'arc de courbe H V, le plus renflé dans les limites d'immersion qui auraient été essayées.

Recommençant ensuite la même série d'épreuves pour des pales moins hautes, et continuant à réduire la hauteur des pales dans plusieurs séries consécutives, on ne tarderait pas à rencontrer l'état maximum maximorum, en ce qui concerne la vitesse du bateau.

On pourrait encore donner différentes obliquités aux pales sur leurs rayons au lieu de les diriger par l'axe de la roue, comme on le fait actuellement; de même la longueur des pales, leur fixité, leur mobilité et toutes les particularités, en un mot, d'une roue à aubes placée à une même hauteur C H au-dessus de l'eau, pourraient être soumises graduellement à une série d'expériences décisives pour une certaine quantité de force motrice déterminée.

Après que la question aurait ainsi été épuisée pour une même hauteur C H et une même force motrice, on pourrait encore faire varier ces deux éléments fondamentaux du problème.

Mais il est plusieurs des résultats auxquels on arriverait de cette manière, que l'on doit regarder comme évidents ou comme connus déjà. Ainsi, par exemple,

1° Il est déjà suffisamment constaté par l'expérience que, lorsque dans un bateau à vapeur la force motrice vient à varier, le rapport de la vitesse du bateau au nombre des tours de roues par minute reste sensiblement constant; donc, dans notre figure, le rapport général $\frac{KN}{KV}$ devra être indépendant sensiblement de la grandeur de la force motrice. Il y a lieu de croire encore, et il sera démontré en effet tout à l'heure, que pour des systèmes semblables les cubes des ordonnées de la courbe H V V S croîtront directement comme les forces motrices, et inversement comme les carrés des dimensions linéaires. On verra de même la loi des ordonnées K N.

2° Si le point C venait à être placé infiniment haut, on trouverait, par les raisonnements connus de la théorie ordinaire des bateaux à vapeur, certainement admissibles alors, que la courbe H V V' S doit partir du point H tangentiellement à l'axe des y, et tendre vers son ordonnée maximum K' V', en un point K' situé infiniment bas; c'est-à-dire, que la branche H V V' devrait converger indéfiniment vers une certaine courbe limite HV_1V_1', qui aurait elle-même pour limite ou pour droite asymptote une certaine verticale $V_2V'_2$, dont l'ordonnée HV_2 serait la vitesse maximum du bateau avec des pales verticales infiniment larges, et avec une perte nulle de force motrice.

3° Quand l'immersion H K sera infiniment petite, pour une valeur finie quelconque de la hauteur C H, les mêmes raisonnements de la théorie ordinaire des bateaux à vapeur seront certainement aussi encore admissibles, et par conséquent toujours, même en tenant compte de la résistance de l'air, la courbe H V V' S devra être dirigée tangentiellement à l'axe des y en partant du point H, ainsi que le feraient voir des calculs qu'il est inutile de développer ici.

Mais les longueurs H K', K' V' devront généralement être considérées comme des quantités finies qui diminueront progressivement jusqu'à de certaines limites déterminées, au fur et à mesure que la hauteur C H diminuera jusqu'à zéro, et qui augmenteront, au contraire, la première jusqu'à l'infini, et la seconde jusqu'à HV_2 quand la hauteur C H augmentera jusqu'à l'infini.

En principe donc, les roues d'un plus grand diamètre devront toujours être regardées comme étant les meilleures.

4° Une augmentation des pales en largeur, ou bien une diminution de la surface résistante du bateau, devront avoir généralement un seul et même effet, à savoir, une diminution de l'immersion la plus avantageuse HK' jusqu'à zéro, pendant que la largeur des pales augmentera jusqu'à l'infini, ou pendant que la surface résistante du bateau décroîtra jusqu'à zéro.

Mais, par l'élargissement des pales, la vitesse maximum K'V' ne pourra croître que jusqu'à la limite HV_1, tandis que, par la réduction de la surface résistante, la vitesse du bateau devrait croître jusqu'à l'infini, si on négligeait la résistance de l'air.

D'autres observations pourraient encore être faites ici sur le nombre et la hauteur des pales, mais il en sera spécialement question plus loin (*).

2. De ce qui précède résultent d'abord plusieurs conséquences immédiates, à savoir :

1° Si les pales d'une roue à aubes étaient placées en effet à la profondeur d'immersion la plus avantageuse possible CK' de la figure, il est évident qu'un petit changement dans la profondeur HK', en plus ou en moins, n'altérerait pas sensiblement la vitesse du bateau relativement à une force motrice donnée, mais influerait très-directement sur le nombre des tours de roues; ainsi l'on pourrait profiter de cette particularité avec un avantage toujours évident pour augmenter ou diminuer un peu la vitesse du piston dans le cas où la puissance évaporatoire des chaudières serait plus grande ou plus petite qu'on n'avait compté, et par l'une ou l'autre raison ne permettrait pas à la machine de produire toute sa puissance.

2° Si les pales d'une roue à aubes étaient placées de fait à une distance moindre CK, et que les chaudières fussent insuffisantes pour alimenter convenablement les cylindres de vapeur avec un nombre de tours de roues égal à KN, il y aurait double avantage à éloigner les pales du centre, puisque, d'une part, à une plus grande immersion des roues correspondrait une plus grande vitesse du bateau à force motrice égale, et que, d'autre part, la diminution correspondante du nombre de tours de roues permettant à la chaudière d'alimenter convenablement les cylindres, il y aurait un plus grand développement de force motrice dans la machine.

3° Si, au contraire, la puissance évaporatoire des chaudières était en excédant

---

(*) Voyez la suite du présent chapitre et le chapitre XVI, ainsi que l'épure intitulée : *Théorie présumée des roues à aubes fixes des bâtiments actuels de la marine royale de 160 chev. de force.*

pour une certaine immersion HK du bord extérieur des pales, alors en relevant celles-ci, afin d'augmenter le nombre des tours de roues par minute et de parvenir à débiter toute la vapeur produite, c'est-à-dire d'avoir plus de force motrice, et partant plus de vitesse, il faudrait néanmoins, de l'accroissement supputé de la vitesse à ce seul point de vue, défalquer ce qui proviendrait d'une plus grande imperfection de la roue, en ce sens qu'à égale force motrice l'ordonnée KV serait moindre.

Il pourrait donc alors y avoir désavantage à relever les pales, si l'on avait en vue seulement le rapport de l'effet obtenu à la masse de vapeur dépensée.

Mais si l'on n'avait en vue, au contraire, que la vitesse même du bateau, quelle que fût la dépense de vapeur, il est facile de comprendre qu'il y aurait toujours avantage à relever les pales, jusqu'au point de consommer toute la vapeur produite. Il est évident, en effet, que d'une part, une moindre obliquité des pales à fleur d'eau donnerait une moindre perte de force dans le choc oblique à l'entrée et à la sortie, et que, d'autre part, le relèvement des pales ferait remonter aussi le centre d'action de la résultante horizontale qui pousse le bateau, de telle sorte que, par la diminution du bras de levier, la force agissante augmenterait d'autant et imprimerait plus de vitesse au bateau.

4° Quand un bateau à vapeur passera de son tirant d'eau lége au tirant d'eau en charge, la hauteur CH sur la figure diminuera de l'épaisseur de l'exposant de charge, et, d'après ce qui est dit au n° précédent, il faut regarder l'immersion la plus avantageuse HK′ comme éprouvant une diminution correspondante; lors donc que les pales ne viendraient pas à être déplacées sur leurs rayons respectifs, ainsi qu'il arrive ordinairement dans le service, il ne faudrait pas qu'au tirant d'eau lége leur bord extérieur atteignît le point K′.

Au tirant d'eau en charge seulement, il pourrait être convenable d'établir ainsi le bord extérieur des pales suivant la profondeur d'immersion correspondante la plus avantageuse HK′; car c'est au tirant d'eau en charge précisément que l'on aurait intérêt à utiliser la plus grande partie de la force motrice.

Mais on verra, au numéro suivant, une raison encore plus majeure dans le même sens.

3. Il a été dit plus haut, dans le compte rendu du mémoire du mois d'avril 1838, qu'une machine à vapeur quelconque actuellement bien proportionnée dans toutes ses parties, quant à la solidité, pourra être exécutée semblablement à elle-même d'après telle échelle qu'on voudra, sans cesser de satisfaire à toutes les mêmes conditions de solidité, tant que la tension restera la même dans la chaudière, et quelles que soient d'ailleurs la fraction de course d'introduction x et la puissance correspondante.

Ainsi le poids de la machine sera comme le volume du cylindre; la force motrice par chaque tour de roue devant être considérée aussi comme étant proportionnelle au volume du cylindre, tant que la fraction de course d'introduction x et la tension dans la chaudière ne changeront pas, et particulièrement surtout quand la vitesse du piston sera la même, on voit qu'en désignant par

d le diamètre d'un cylindre,

c la course,

N le nombre de tours de roues par minute,

K un certain coefficient constant dépendant de la fraction de course d'introduction x et de la tension dans les chaudières,

F la force de la machine,

On aura, aussi exactement que possible, toutes les fois que le produit cN sera constant, et avec une suffisante approximation quand le produit cN viendra à varier,

$$F = \frac{d^2cN}{K} \quad \dots\dots\dots\dots \quad (1).$$

De plus, le mètre étant l'unité linéaire, et la fraction de course d'introduction x variant de 0,80 à 0,90, il suffira de faire $K = 0,59$ pour avoir la force nominale en chevaux-vapeur d'un cylindre, d'après l'usage en Angleterre, quand la tension dans les chaudières équilibrera une colonne de mercure de 12 centimètres 7 millimètres.

D'après le mémoire cité, il faudrait faire $K = 0,74$ pour $x = 0,50$, et la même tension dans les chaudières, aussi pour chaque cylindre; car, dans un appareil accouplé ordinaire, la force motrice totale sera double, et il faudrait faire $K = \frac{0,59}{2}$ ou $\frac{0,74}{2}$.

Quoi qu'il en soit, de la formule (1) on déduit

$$d^2c = \frac{KF}{N}.$$

Et l'on voit ainsi que le volume du cylindre, en même temps que le poids de la machine proprement dite, croîtront en raison directe de la force motrice, du coefficient K, et en raison inverse du nombre des tours de roues.

Le poids des chaudières, au contraire, et la consommation de combustible dans l'unité de temps croîtront directement comme la force motrice.

Ainsi, en désignant par

M le poids des machines proprement dites,

S celui des chaudières pleines d'eau,

A le poids entier de l'appareil,

Q la dépense de combustible dans l'unité de temps,

m, s, q de certains coefficients constants à déterminer, par expérience, sur un bon appareil type,

T la durée de la marche,

E l'exposant de charge nécessaire pour les machines, la chaudière et le combustible,

On aura généralement

$$\left.\begin{aligned} M &= m\frac{F}{N} \\ S &= sF \\ A &= M + S = m\frac{F}{N} + sF \\ Q &= qF \\ E &= A + QT = m\frac{F}{N} + (s + qT)F \\ \text{ou} \quad T &= \frac{E - A}{Q} = \frac{1}{q}\left(\frac{E}{F} - \frac{m}{N}\right) - \frac{s}{q} \end{aligned}\right\} \quad \ldots\ldots (2).$$

Et, si le nombre N restait le même, les quantités M, A et E varieraient aussi avec la force motrice seulement.

Cela étant, si l'on remonte à la figure pour considérer un certain bateau à vapeur donné, avec une hauteur CH également donnée, on voit qu'en immergeant les pales à différentes profondeurs, le nombre N, excessivement grand pour une immersion nulle, décroîtra rapidement jusqu'à la limite K'N', à laquelle correspondra la vitesse maximum du bateau K'V'. Ainsi donc, le poids de l'appareil et l'exposant de charge croîtront en même temps que la vitesse, ou, à valeur donnée de E, la durée de la marche T ira en diminuant; mais, si la profondeur d'immersion restait un peu en deçà de la limite HK', la vitesse serait encore à fort peu près la même, tandis que les quantités M, A, E seraient toutes ensemble notablement moindres, ou T plus grand, en regardant E comme donnée.

Il est donc évident que la limite HK' de la figure ne devra jamais être atteinte dans la pratique.

Il serait même facile d'assigner la condition précise du problème, si l'on avait la grandeur de la force motrice en fonction d'une vitesse donnée, et cette recherche formera l'objet du numéro suivant.

4. Soient

f la force motrice sur l'arbre des roues,

v la vitesse,

n le nombre des tours de roues par minute,

p la résistance du bateau,

u la vitesse totale ou partielle d'un point quelconque de la roue situé à une distance r de l'axe de rotation,

ω un élément superficiel infiniment petit de la roue à l'extrémité du rayon r.

Concevons un autre bateau exactement semblable dans sa coque et dans ses roues, et désignons par

$$F, V, N, P, U, R, \Omega$$

les quantités correspondantes;

Soient encore

$L = \frac{R}{r}$ le rapport des dimensions linéaires,

$\lambda = \frac{V}{v}$ celui des vitesses des deux bateaux.

On aura d'abord

$$\left.\begin{array}{l} \frac{\Omega}{\omega} = \frac{R^2}{r^2} = L^2 \\ \frac{U}{u} = \frac{RN}{rn} = L\frac{N}{n} \end{array}\right\} \quad \ldots\ldots\ldots \quad (3);$$

Et, si le rapport $\frac{U}{u}$ pouvait être égal au rapport $\frac{V}{v} = \lambda$, on aurait enfin

$$\frac{N}{n} = \frac{\lambda}{L}.$$

Or la condition mécanique du sujet est évidemment que la force motrice F dépende seulement des vitesses U et des forces de pressions totales dans toutes les parties de la roue sur l'eau en mouvement, tandis que la somme des composantes horizontales des mêmes pressions totales sera égale à la résistance P du bateau.

Et ce même principe devra être appliqué, de part et d'autre, à chacun des deux systèmes.

Cela posé, admettons, pour un instant, qu'il puisse y avoir une parfaite similitude dans toutes les surfaces baignées, dans les volumes d'eau saisis par les pales, et, en un mot, dans le système entier des deux bateaux et des liquides environnants.

Ajoutons même que, d'après des considérations professées, par l'auteur du présent exposé, depuis douze ans déjà, à l'école d'application du génie maritime, une telle similitude aurait lieu en effet, sans déroger à aucune condition mécanique dans l'équilibre de toutes les forces agissantes, si l'on pouvait avoir en même temps

$$\frac{U}{u} = \frac{V}{v} = \lambda,$$

et

$$\lambda = \sqrt{L} \quad \ldots\ldots\ldots\ldots \quad (4).$$

Mais, quoi qu'il en puisse être, il ne s'agit principalement ici que de vérifier quand l'hypothèse d'une parfaite similitude dans les deux systèmes deviendra admissible en effet, sans déroger à la condition mécanique, qui veut que la somme des pressions horizontales de la roue soit égale à la résistance du bateau.

Or la loi des résistances des deux bateaux, soit comme fait expérimental bien amplement vérifié dans toute l'étendue des applications ordinaires, soit comme théorème de mécanique rationnelle quand par hasard la condition $\frac{V}{v} = \lambda = \sqrt{L}$ se trouvera exactement remplie, donnera

$$\frac{P}{p} = L^2 \frac{V^2}{v^2} = L^2 \lambda^2 \quad \ldots\ldots\ldots\ldots \quad (5).$$

Ensuite, dans la roue, les masses d'eau actuellement contenues seront comme les surfaces des pales et comme leurs espacements, c'est-à-dire comme L^3; les masses d'eau lancées dans l'unité de temps seront donc comme $L^3 \frac{N}{n}$, c'est-à-dire comme $L^2 \frac{U}{u}$, en vertu de la relation (3); ou bien, les masses d'eau lancées seront dans le rapport $\frac{\Omega U}{\omega u}$, ce qui mènera aussi immédiatement à $L^2 \frac{U}{u}$.

Les vitesses ajoutées à ces masses seront comme $\frac{U - V}{u - v}$, et par conséquent les forces agissantes seront comme $L^2 \frac{U}{u} \frac{U - V}{u - v}$;

Ou, d'une nouvelle manière, les masses d'eau affluentes du dehors, dans l'espace battu par les roues, seront comme $L^2\frac{V}{v}$, les accroissements des vitesses ne cesseront pas d'être comme $\frac{U-V}{u-v}$, et par conséquent les forces agissantes seront comme $L^2\frac{V}{v}\frac{U-V}{u-v}$;

Ou enfin, si l'on préfère considérer les forces agissantes comme proportionnelles aux surfaces choquantes et aux carrés des vitesses relatives, on aura pour la loi des mêmes forces $L^2\left(\frac{U-V}{u-v}\right)^2$.

Or les masses affluentes devront être égales nécessairement aux masses lancées ou aux masses sortantes, et, par conséquent, l'on devra avoir

$$\frac{U}{u}=\frac{V}{v}=\lambda. \quad . \quad . \quad . \quad . \quad . \quad . \quad . \quad . \quad . \quad . \quad . \quad . \quad (6).$$

Puis, quand cette relation aura lieu, les trois expressions différentes des forces agissantes se réduiront toutes à

$$L^2\lambda^2=\frac{P}{p},$$

C'est-à-dire que toutes les forces dans la roue, semblablement dirigées de part et d'autre, croîtront exactement comme la résistance des bateaux.

La condition relative à l'équilibre de translation des bateaux ne cessera donc pas d'être exactement remplie, et, de plus, l'on devra avoir

$$\frac{F}{f}=L^2\lambda^2\frac{U}{u}=L^2\lambda^3. \quad . \quad . \quad . \quad . \quad . \quad . \quad . \quad . \quad (7).$$

On voit, en même temps, que la relation (6) est la première condition nécessaire, et la seule au point de vue purement géométrique du problème, pour qu'une parfaite similitude dans les deux systèmes soit, en effet, possible; au point de vue dynamique seulement il pourrait y avoir lieu d'invoquer encore quelque autre relation, que l'auteur prétend être la formule (4), ou $\lambda=\sqrt{L}$. Mais, comme l'expérience ne cesse pas de vérifier encore les formules (5) et (6) avec une approximation grandement suffisante, quand la relation $\lambda=\sqrt{L}$ est loin d'être satisfaite, il en sera de même certainement aussi de la formule (7), et, par cette raison, on pourra d'abord se dispenser d'établir aucune relation immédiate entre L et λ, ce qui rendra la théorie beaucoup plus générale, et suffira ordinairement quand les comparaisons auront lieu entre des limites convenablement restreintes.

Mais il faudrait bien se garder d'en agir ainsi s'il était question de comparer les résultats d'un grand bateau à vapeur à ceux d'un modèle parfaitement semblable sur une très-petite échelle.

Alors la relation (4) deviendrait une condition majeure pour que les résultats des expériences fussent effectivement comparables, sans même parler des frottements du liquide, qui devraient aussi être relativement égaux de part et d'autre.

En résumé donc, si l'on regarde comme connues par expérience les quantités f, v, n, dans le premier bateau, on aura dans le deuxième, exactement semblable,

$$V = v\lambda,$$

$$U = u\lambda;$$

Par suite

$$N = \frac{n\lambda}{L}.$$

Et enfin

$$F = f L^2 \lambda^3,$$

ou, en éliminant λ,

$$V = v \sqrt[3]{\frac{F}{f L^2}},$$

$$N = \frac{n}{L} \sqrt[3]{\frac{F}{f L^2}}.$$

Pour l'usage, nous poserons

$$\left.\begin{aligned} \beta &= \frac{v}{\sqrt[3]{f}} = F_1(x) \\ \nu &= \frac{n}{\sqrt[3]{f}} = F_2(x) \end{aligned}\right\} \quad \ldots\ldots \quad (8).$$

En sorte que β et ν seront les ordonnées des courbes H V V' S, M N N' R de la figure, par unité de force motrice, et nous laisserons à l'expérience à décider si l'on peut se borner, dans les applications ordinaires, à considérer une seule courbe H V V' S pour toutes les différentes valeurs de f, et de même une seule courbe correspondante M N N' R, ou bien, s'il faut admettre une série de courbes différentes, β_1, ν_1, β_2, ν_2, β_3, ν_3, etc., pour autant de valeurs correspondantes f_1, f_2, f_3, etc., de la force motrice; bien entendu qu'il est seulement question ici de bateaux semblables, dans leurs coques comme dans leurs roues, et qu'un changement quelconque dans la forme des bateaux ou dans les proportions des roues ne manquera pas, en général, d'entraîner un changement correspondant dans les courbes β et ν.

Cela étant, on aura les deux relations fondamentales

$$\left.\begin{aligned} V &= \beta \sqrt[3]{\frac{F}{L^2}} \\ N &= \frac{\nu}{L} \sqrt[3]{\frac{F}{L^2}} \end{aligned}\right\} \quad \ldots \ldots \ldots \quad (9),$$

qui redonneront, en particulier,

$$v = \beta \sqrt[3]{f}$$
$$n = \nu \sqrt[3]{f},$$

et seront toujours exactes quand on fera

$$\frac{V}{v} = \frac{U}{u} = \sqrt{L}$$

ce qui entraînera

$$\sqrt{L} = \sqrt[3]{\frac{F}{fL^2}} \quad \ldots \ldots \ldots \quad (10).$$

ou

$$f = \frac{F}{L^3\sqrt{L}}$$

Et, par le moyen de la valeur de f ainsi calculée, on trouvera toujours aussi les véritables coefficients β et ν, ou les courbes H V V′ R, M N N′S de la figure, si tant est que, dans le plus grand nombre des applications, ces coefficients ou ces courbes ne soient pas à très-peu près constants, pour les valeurs les plus éloignées de f dont on ait à faire usage.

Si une telle consttance avait lieu, on pourrait inversement regarder comme donnée la vitesse V, et, en résolvant les formules (9), on aurait

$$\left.\begin{aligned} F &= \frac{L^2V^3}{\beta^3} \\ N &= \frac{\nu}{\beta}\frac{V}{L} \\ \frac{F}{N} &= \frac{L^3V^2}{\beta^2\nu} \end{aligned}\right\} \quad \ldots \ldots \ldots \quad (11),$$

ou, en fonction de N,

$$F = \frac{L^5N^3}{\nu^3}$$

$$\frac{F}{N} = \frac{L^5N^2}{\nu^3}$$

$$V = \frac{\beta}{\nu} LN.$$

Et l'on sait, en effet, par expérience, comme il a déjà été dit, que, dans un même bateau, le rapport $\frac{\nu}{\beta}$ au moins est sensiblement indépendant de la force motrice, en sorte que les formules (10) ne trouveront guère leur application que lorsqu'il s'agira de comparer les résultats d'un grand bateau à ceux d'un modèle semblable sur une très-petite échelle.

On voit ainsi que le nombre N, dans les formules (1) et (2), variera généralement en raison directe de la vitesse du bateau et en raison inverse d'une dimension linéaire, et il faudrait que la vitesse augmentât comme une dimension linéaire pour que le nombre N devînt constant : le poids et la force de la machine croîtraient alors comme la cinquième puissance d'une dimension linéaire, et plus rapidement que l'exposant de charge E.

Une augmentation des pales en largeur, ou bien une diminution de la surface résistante, aurait pour effet évidemment de faire croître les fonctions β et ν dans le bateau type, et, par conséquent, à vitesse égale, la force et le poids de la machine deviendraient à la fois moindres; mais le nombre N dépendrait du rapport $\frac{\nu}{\beta} = \frac{n}{v}$.

Or, par un élargissement des pales jusqu'à l'infini, la cote HK', dans la figure, irait certainement en diminuant jusqu'à zéro, pendant que v ou β irait en augmentant, et il y a tout lieu de croire qu'en relevant progressivement les pales, le rapport $\frac{\nu}{\beta}$ ou $\frac{n}{v}$ diminuerait un peu, jusqu'à ce que la vitesse des roues au point H fût enfin égale à celle du bateau, c'est-à-dire que l'on eût

$$\frac{2\,\pi\,hn}{60} = v \quad \text{ou} \quad \frac{n}{v} = \frac{30}{\pi h} \quad . \quad . \quad . \quad . \quad . \quad . \quad . \quad (12),$$

en désignant par h la hauteur de l'axe des roues au-dessus de l'eau dans le bateau type.

Par une diminution de la surface résistante jusqu'à zéro, la vitesse du bateau augmenterait évidemment jusqu'à l'infini, pendant que la cote HK' irait vraisemblablement aussi en diminuant jusqu'à zéro, et, comme, à force motrice égale, la courbe M N N' R ne cesserait pas de passer par le même point N sur la figure, il est évident que le rapport $\frac{\nu}{\beta}$ irait en diminuant jusqu'à zéro.

Mais il importe plus particulièrement ici de discuter les effets de l'immersion des pales à toutes les profondeurs, d'après les fonctions (8) supposées connues et regardées comme indépendantes de f, ainsi qu'on le verra au numéro suivant.

5. En remontant aux formules (1) et (2), et regardant la vitesse V d'un bateau comme donnée, on pourra demander :

Premièrement,

De rendre un minimum la force motrice F, et, par suite, la dépense de combustible en même temps que le poids de la chaudière.

A cette question, la première des formules (11) répondra immédiatement que l'ordonnée β de la courbe H V V' S doit être un maximum, c'est-à-dire que l'immersion correspondante des pales devra être la cote H K' de la figure.

Deuxièmement,

De rendre un minimum la quantité $\frac{F}{N}$ ou le volume et le poids de la machine.

A cette question, la dernière des formules (11) répondra que la quantité $\beta^2 \nu$ doit être un maximum. On aura donc

$$0 = 2\beta\nu \frac{d\beta}{dx} + \beta^2 \frac{d\nu}{dx}.$$

Et par la suppression du facteur β, qui, étant égale à zéro, rendrait le poids de la machine ∞, il restera

$$0 = 2\nu \frac{d\beta}{dx} + \beta \frac{d\nu}{dx},$$

ou

$$\frac{\beta}{\text{tang. } \alpha_1} = 2 \frac{\nu}{\text{tang. } \alpha_2},$$

α_1 et α_2 étant les angles aigus des tangentes V''T$_1$, N''T$_2$ des courbes $\beta = F_1(x)$, $\nu = F_2(x)$ avec l'axe des x.

Or, en désignant par z_1, z_2 les sous-tangentes K''T$_1$, K''T$_2$..., on aura justement

$$z_1 = \frac{\beta}{\text{tang. } \alpha_1}$$

$$z_2 = \frac{\nu}{\text{tang. } \alpha_2};$$

Et, par suite, la condition cherchée se réduira simplement à

$$z_1 = 2z_2$$

ou

$$K''T_1 = 2K''T_2 \qquad (13).$$

Si, au lieu de la courbe des vitesses H V V' S, on prenait la courbe des carrés des vitesses, on arriverait à des sous-tangentes égales.

On pourrait aussi faire $y = \beta^2 v$, afin de construire la courbe des y et de relever graphiquement l'ordonnée maximum avec l'abscisse correspondante H K''.

Troisièmement.

On pourra demander que le poids entier de l'appareil devienne un minimum pour une valeur également donnée de la vitesse V.

Or, par les formules (2), on a

$$A = M + S = m\frac{F}{N} + sF = V^2L^2\left(\frac{mL}{\beta^2 v} + \frac{sV}{\beta^3}\right). \quad . \quad . \quad (14).$$

Ainsi la condition du minimum sera

$$0 = dM + dS;$$

Ou, après réduction,

$$0 = mL\,\frac{\beta}{v}\left(2\frac{d\beta}{dx} + \frac{\beta}{v}\,\frac{dv}{dx}\right) + 3sV\frac{d\beta}{dx}. \quad . \quad . \quad . \quad . \quad (15).$$

Et l'on pourrait y introduire aisément les angles α_1, α_2, ou les sous-tangentes z_1, z_2, ou, enfin, imaginer encore de nouvelles interprétations géométriques.

Mais il importe principalement de faire remarquer que, si le coefficient m était négligeable, on trouverait $\frac{d\beta}{dx} = 0$, c'est-à-dire que l'immersion des pales devrait être la cote H K' de la figure; que si, au contraire, le coefficient s était négligeable, on retrouverait la relation connue

$$0 = 2\frac{d\beta}{dx} + \frac{\beta}{v}\,\frac{dv}{dx},$$

ou la condition (13) du moindre poids des machines, et qu'enfin la solution complète donnera toujours une certaine immersion intermédiaire H K''' entre les deux limites H K' et H K'' des problèmes précédents.

Quatrièmement.

On pourra demander que l'exposant de charge E soit un minimum pour une vitesse donnée V et une durée de marche également donnée T.

Or, par la dernière des formules (2), il viendra

$$\left.\begin{array}{l} E = A + QT = m\dfrac{F}{N} + (s + qT)F \\ \text{tandis que l'on avait} \\ A = M + S = m\dfrac{F}{N} + sF \end{array}\right\} \quad . \quad . \quad . \quad . \quad . \quad (16).$$

Ainsi donc, pour avoir la réponse demandée, il suffira de recourir à la solution du problème précédent, et d'y remplacer la quantité s par $s + qT$, ce qui rendra plus prédominant le terme $3sV\frac{d\beta}{dx}$, et, par suite, la profondeur d'immersion convenable HK'''' excédera un peu HK''', d'autant plus que la durée de marche T sera plus grande, sans toutefois atteindre jamais HK'.

On voit encore que la solution variera avec le rapport $\frac{V}{L}$, qui ira généralement en diminuant avec la grandeur des bateaux, et alors le terme $3sV\frac{d\beta}{dx}$ deviendra un peu moins influent, c'est-à-dire que la profondeur d'immersion HK'''' devra diminuer un peu.

Cinquièmement.

On pourra demander que la durée T devienne un maximum pour une vitesse donnée V et pour un exposant de charge également donné E.

Or de la dernière des formules (2) on déduit

$$T = \frac{E - A}{Q} = \frac{1}{q}\left(\frac{E}{F} - \frac{m}{N}\right) - \frac{s}{q}$$
$$= \frac{1}{qV}\left[\frac{E}{V^2L^2}\beta^3 - mL\frac{\beta}{\nu}\right] - \frac{s}{q}. \quad . \quad . \qquad (17).$$

Ainsi la condition du maximum demandé sera

$$0 = \frac{dA}{A} + \frac{dQ}{Q},$$

ou, en développement,

$$0 = 3\frac{E}{V^2L^2}\beta^2\frac{d\beta}{dx} - mL\left[\frac{1}{\nu}\frac{d\beta}{dx} - \frac{\beta}{\nu^2}\frac{d\nu}{dx}\right]. \quad . \quad . \quad . \qquad (18).$$

Mais, pour que T ne devienne pas négatif et que la solution soit réelle, il faudra que l'on ait

$$E > A,$$

ou en développant

$$\frac{E}{V^2L^2} > \frac{mL}{\beta^2\nu} + \frac{sV}{\beta^3}. \quad . \quad . \quad . \quad . \quad . \quad . \quad . \qquad (19).$$

Nous nous bornerons à faire remarquer que, à raison de la condition $0 = \frac{dA}{A} + \frac{dQ}{Q}$, la nouvelle profondeur d'immersion HK^{v} tombera aussi toujours nécessairement entre les cotes HK''' et HK' des minima respectifs de A et de Q.

D'ailleurs, dans l'hypothèse d'une parfaite similitude, l'exposant de charge E croîtra comme L^3, et, par suite, il suffirait que la vitesse V fût constante pour que la solution fût générale et indépendante de la grandeur du bateau.

L'immersion absolue H K^v serait alors en rapport constant avec la hauteur C H de l'axe des roues au-dessus de l'eau.

Ordinairement les grands bateaux ont une vitesse un peu plus forte; alors le premier terme de la formule (18) sera un peu moins prédominant, et, par suite, l'immersion convenable H K^v devra diminuer un peu comme dans les deux solutions précédentes.

En résumé donc, on aurait une théorie fort suffisante des bateaux à vapeur si l'on connaissait les fonctions (8) ou les ordonnées β, ν des courbes H V V' S, M N N' R de la figure pour une valeur convenable de la force motrice dans un certain bateau type.

Cette théorie deviendrait même complète et rationnellement exacte si l'on connaissait les fonctions (8) dans une série de bateaux types d'inégales grandeurs et d'égale force motrice, ou dans un type unique semblable au bateau donné, mais avec une série assez variée de forces motrices différentes, pour qu'on pût, dans chaque application, choisir de préférence celui des types ou celles des forces motrices qui rempliraient à très-peu près les conditions (10).

Or tout cela pourrait être fait expérimentalement comme il suit :

On prendrait un modèle parfaitement semblable à un bateau à vapeur donné, dans sa coque et dans ses roues, ou bien le bateau donné lui-même.

On établirait une force motrice convenable sur l'arbre des roues, en prenant les dispositions nécessaires pour mesurer, à chaque essai, les trois nombres v, n, f.

Une première série d'essais à la même immersion des pales donnerait les résultats successifs

$$v', n', f'; \quad v'', n'', f''; \quad v''', n''', f''';$$

et, en calculant les quantités

$$\beta = \frac{v'}{\sqrt[3]{f'}}; = \frac{v''}{\sqrt[3]{f''}}; = \frac{v'''}{\sqrt[3]{f'''}};$$

$$\nu = \frac{n'}{\sqrt[3]{f'}}; = \frac{n''}{\sqrt[3]{f''}}; = \frac{n'''}{\sqrt[3]{f'''}},$$

On constaterait ainsi d'abord entre quelles limites une force motrice f devra être comprise, pour qu'en effet les quantités $\frac{v}{\sqrt[3]{f}}$, $\frac{n}{\sqrt[3]{f}}$ ne cessent pas d'être sensiblement constantes.

Par la connaissance de ces limites et en rapport avec les conditions (10), suivant les applications les plus éloignées que l'on aurait en vue, on fixerait immédiatement une série de valeurs fondamentales $f_1, f_2, f_3, \ldots\ldots$ pour chacune desquelles il serait utile de connaître les quantités β_1, ν_1, β_2, ν_2, β_3, ν_3, ..., ou de construire les courbes H V V' S, M N N' R de la figure.

On ferait ensuite varier l'immersion des pales, et, en répétant les mêmes expériences à chaque nouvelle profondeur, on ramènerait aussi, par le calcul, chaque résultat partiel des observations à son type le plus proche dans la série des différentes forces motrices $f_1, f_2, f_3, \ldots$, ou des courbes correspondantes H V V'S, M N N'R sur la figure.

Ces courbes enfin pourraient être construites avec autant de points chacune que l'on voudrait, et le but serait atteint.

Mais, dans les différents problèmes qui ont été résolus précédemment, ce n'était pas la force motrice qui était donnée, c'était la vitesse au contraire; et, quoique nous ayons trouvé toutes les solutions demandées, il y a cependant cette imperfection qu'en regardant V et f comme données, la relation $V = \nu\sqrt{L} = \beta\sqrt{L}\sqrt[3]{f}$ est incompatible avec la variabilité de β en fonction de x, ce qui obligerait en toute rigueur, dans le cas où cette relation serait nécessaire, c'est-à-dire dans le cas où β, ν ne seraient pas indépendants de f, de faire une série de calculs successifs, avec autant de types différents, jusqu'à ce qu'on en eût enfin trouvé un qui satisfît, à très-peu près, à la relation $V = \beta\sqrt{L}\sqrt[3]{f}$ dans la solution définitive du problème qu'il s'agirait de résoudre.

Or, dès l'instant que l'on voudrait faire les expériences qui viennent d'être relatées, cette imperfection serait bien facile à faire disparaître entièrement; il suffirait de remonter aux formules (11) et d'imaginer de nouvelles variables telles, que l'on eût

$$\left.\begin{aligned} \varphi &= \frac{1}{\beta^3} = \frac{f}{v^3} \\ \psi &= \frac{1}{\beta^2\nu} = \frac{f}{v^2 n} \end{aligned}\right\} \quad \ldots\ldots\ldots\ldots \quad (20);$$

Et, par suite,

$$\left.\begin{aligned} F &= \varphi\, V^3 L^2 \\ N &= \frac{\varphi}{\psi}\,\frac{V}{L} \\ \frac{F}{N} &= \psi\, V^2 L^3 \end{aligned}\right\} \quad \ldots\ldots\ldots\ldots \quad (21).$$

Puis, comme la vitesse V serait donnée, on attribuerait à ν une valeur également donnée, exactement d'après la condition

$$V = v\sqrt{L} . \quad . \quad . \quad . \quad . \quad . \quad . \quad (22).$$

On ferait ensuite varier la force motrice f dans les essais, de manière à obtenir justement la vitesse constante v ainsi trouvée, et l'on procéderait simplement à la recherche expérimentale des courbes φ, ψ sans se préoccuper même des courbes β, v.

Supposons, par exemple, qu'à une certaine immersion on ait trouvé cette série de résultats différents.

$$v', n', f'; \quad v'', n'', f''; \quad v''', n''', f'''.$$

Alors on aurait, pour les quantités demandées φ, ψ,

$$\varphi = \frac{f'}{v'^3}; \quad = \frac{f''}{v''^3}; \quad = \frac{f'''}{v'''^3};$$
$$\psi = \frac{f'}{v'^2 n'}; \quad = \frac{f''}{v''^2 n''}; \quad = \frac{f'''}{v'''^2 n'''};$$

et l'on constaterait d'abord entre quelles limites la vitesse v devra être comprise, pour qu'en effet les quantités $\frac{f}{v^3}$, $\frac{f}{v^2 n}$ ne cessent pas d'être sensiblement constantes.

Par la connaissance, ensuite, de ces limites, qui pourraient, du reste, être plus ou moins resserrées, avec les différentes immersions successives, et en rapport aussi avec la condition (22), suivant les applications les plus éloignées que l'on aurait en vue, on fixerait aussitôt une série de valeurs fondamentales v_1, v_2, v_3,........., pour chacune desquelles il serait utile de construire les courbes correspondantes des ordonnées φ_1, ψ_1, φ_2, ψ_2, φ_3, ψ_3, et l'on déterminerait les ordonnées de ces courbes toujours par le même système de calculs.

Il est bon de faire observer d'ailleurs, dans cette recherche des courbes φ, ψ, comme dans celle des courbes β, v, que, si la force motrice, dans le bateau type, sur l'arbre des roues, venait de la tension t d'une corde enroulée sur cet arbre et tirée par un poids, par exemple, la quantité $\frac{f}{n}$, qui est la force motrice par chaque tour de roue, serait justement proportionnelle à la tension t, et que, en désignant par l la longueur de la circonférence déroulée à chaque tour, on aurait ainsi

$$\left.\begin{array}{l} f = n\,t\,l \\ \varphi = \dfrac{n\,t\,l}{v^3} \\ \psi = \dfrac{t\,l}{v^2} \end{array}\right\} \quad . \quad . \quad . \quad . \quad . \quad . \quad . \quad . \quad . \quad . \quad (23).$$

De manière que, si par hasard les quantités φ ψ restaient à très-peu près les mêmes pour des valeurs fort différentes de ν, auquel cas les quantités

$$\left.\begin{aligned} \beta &= \frac{v}{\sqrt[3]{f}} = \frac{v}{\sqrt[3]{ntl}} \\ \nu &= \frac{n}{\sqrt[3]{f}} = \frac{n}{\sqrt[3]{ntl}} = \sqrt[3]{\frac{n^2}{tl}} \end{aligned}\right\} \quad . \quad . \quad . \quad (24)$$

resteraient aussi à peu près les mêmes pour des valeurs fort différentes de f, il serait extrêmement facile de connaître expérimentalement les fonctions φ et ψ par le moyen des formules (23), ou les fonctions β et ν par les formules (24).

Ainsi, par exemple, pour trouver le minimum de ψ, il suffirait de faire marcher deux modèles identiquement égaux sous une même tension t, mais avec des pales inégalement immergées, et celui qui devancerait l'autre serait le meilleur en ce qui concerne le minimum de ψ; c'est-à-dire en remontant aux formules (22), en ce qui concerne le minimum de la quantité $\frac{F}{N}$ ou du poids de la machine.

En reprenant, sous ce point de vue, les cinq problèmes qui ont été résolus dès l'abord dans ce numéro, on aura les relations et conditions ci-après :

1° *Pour la moindre force motrice, le moindre poids de chaudière et la moindre dépense de combustible,*

$$\left.\begin{aligned} &d\varphi = 0 \\ \text{ou} \quad &\varphi \text{ un minimum} \end{aligned}\right\} \quad . \quad . \quad . \quad . \quad . \quad . \quad (25).$$

2° *Pour le minimum de la quantité* $\frac{F}{N}$, *ou le volume et le poids en même temps de la machine,*

$$\left.\begin{aligned} &d\psi = 0 \\ \text{ou} \quad &\psi \text{ un minimum} \end{aligned}\right\} \quad . \quad . \quad . \quad . \quad . \quad . \quad (26).$$

3° *Pour le minimum du poids entier de l'appareil,*

$$\left.\begin{aligned} &\mathrm{A} = m\frac{\mathrm{F}}{\mathrm{N}} + s\mathrm{F} = \mathrm{V}^2\mathrm{L}^2\left[m\mathrm{L}\psi + s\mathrm{V}\varphi\right] \\ \text{d'où} \quad &0 = m\mathrm{L}\frac{d\psi}{dx} + s\mathrm{V}\frac{d\varphi}{dx} \end{aligned}\right\} \quad . \quad . \quad . \quad (27).$$

Ce qui donnera une solution intermédiaire entre les deux précédentes, et d'autant plus proche de $d\psi = 0$, que le rapport $\frac{\mathrm{V}}{\mathrm{L}}$ sera moindre.

4° *Pour le minimum de l'exposant de charge, quand la vitesse et la durée de la marche seront données en même temps,*

$$\left.\begin{aligned} E &= A + QT = m\frac{F}{N} + (s + qT)F \\ &= V^2L^2[mL\psi + (s + qT)V\varphi] \\ 0 &= mL\frac{d\psi}{dx} + (s + qT)V\frac{d\varphi}{dx} \end{aligned}\right\} \quad \ldots \ldots (28),$$

ce qui donnera la même solution que si dans le problème précédent le terme sV venait à augmenter et à rendre plus prédominant le terme $\frac{d\varphi}{dx}$, c'est-à-dire que la profondeur d'immersion devra être plus proche de $d\varphi = 0$.

5° *Enfin, pour le maximum de T, quand l'exposant de charge sera donné,*

$$\left.\begin{aligned} T = \frac{E - A}{Q} &= \frac{1}{q}\left[\frac{E}{F} - \frac{m}{N}\right] - \frac{s}{q} \\ &= \frac{1}{qV}\left[\frac{E}{V^2L^2}\frac{1}{\varphi} - mL\frac{\psi}{\varphi}\right] - \frac{s}{q} \\ 0 = \frac{E}{V^2L^2}\frac{d\varphi}{dx} &+ mL\left[\varphi\frac{d\psi}{dx} - \psi\frac{d\varphi}{dx}\right] \end{aligned}\right\} \quad \ldots \ldots (29).$$

Bien entendu que T ne devra pas être négatif, et que, par suite, on devra avoir

$$\frac{E}{V^2L^2} > mL\psi + sV\varphi.$$

Comme l'exposant de charge E variera proportionnellement à L^3 dans des bateaux semblables, on voit que la vitesse V devrait être constante pour que la solution fût unique, et que, si V augmentait, au contraire, avec L, le terme $\frac{d\varphi}{dx}$ deviendrait moins prédominant, ce qui entraînerait la solution vers $d\psi$ et ferait diminuer un peu l'immersion.

En somme donc, les fonctions φ, ψ et les formules (21) sont rationnellement plus satisfaisantes et mieux appropriées aux applications que les fonctions $\beta, \nu \ldots$ et les équations (11).

On aurait aussi pu les imaginer de prime abord dans la figure fondamentale au lieu des courbes H V V'S, M N N'R; mais cela eût été moins naturel, et il aurait été difficile, à priori, de se former une idée aussi nette de la force générale des courbes φ, ψ, que celle que nous avons eue de suite des courbes H V V'S, M N N'R, c'est-à-dire que l'on eût difficilement entrevu les nombreuses conséquences que nous avons rencontrées pour ainsi dire comme toutes évidentes sur notre chemin.

Du reste, le lien analytique de ces deux groupes de fonctions résidera toujours dans la simultanéité des équations générales

$$\left.\begin{array}{ll} \beta = \dfrac{v}{\sqrt[3]{f}}, & \nu = \dfrac{n}{\sqrt[3]{f}} \\ \varphi = \dfrac{f}{v^3}, & \psi = \dfrac{f}{v^2 n} \end{array}\right\} \quad . \quad . \quad . \quad . \quad . \quad (30).$$

Pour toutes les valeurs possibles de v, n, f, ..., en attribuant ensuite des valeurs constantes à f, dans le premier groupe, et des valeurs constantes à v dans le deuxième.

6. En supposant maintenant que l'on ait résolu expérimentalement le problème de la meilleure immersion des roues à aubes pour une certaine hauteur donnée C H de l'axe au-dessus de l'eau, sous l'un des points de vue que nous avons spécifiés, par exemple, sous le rapport du maximum de durée du combustible avec une certaine valeur donnée à l'exposant de charge, il restera encore à faire varier la hauteur C H même, qui sera devenue l'unique variable indépendante.

Or, sans entrer dans de longues considérations à ce sujet, il est évident, et personne ne contestera, premièrement,

Que, à une immersion constante H K des pales, une force motrice quelconque sur l'arbre des roues sera d'autant plus utilement employée à faire avancer le bateau que la hauteur C H sera plus grande, par la raison que les pressions des pales dans l'eau, à l'entrée et à la sortie, seront moins obliques; secondement,

Qu'à une plus grande hauteur C H correspondra certainement aussi une plus grande abscisse H K pour l'ordonnée maximum de la courbe des vitesses H V V' S, et que, par cette double raison, la vitesse du bateau croîtra vers une certaine limite déterminée H V_2, pendant que la hauteur de l'axe C H croîtra depuis zéro jusqu'à l'infini.

De plus la limite H V_2 devra correspondre à une perte nulle de force motrice, et pourrait être calculée à priori par la formule

$$F = PV = \frac{\varpi}{2g}\,\Omega V^3$$

si l'on désignait par . . . . . . (31)

$$P = \frac{\varpi}{2g}\,\Omega V^2,$$

La résistance du bateau.

A C H $= o$ correspondrait une autre vitesse également déterminée, mais beaucoup moindre.

Ainsi donc, les roues d'un plus grand diamètre, convenablement immergées, seront certainement toujours les plus avantageuses pour le bon emploi de la force motrice, et cette conséquence importante ressortirait avec plus d'éclat encore si l'on passait de l'allure normale en eau calme à l'allure anormale d'un trop grand tirant d'eau ou d'une mer houleuse.

Cela signifie que, en principe, la quantité $\frac{1}{\beta^3} = \varphi$ dans les formules (11) et (12) ira en diminuant depuis une certaine limite déterminée jusqu'à une autre limite également déterminée, et cette dernière d'après la condition (31), pendant que la hauteur C H de l'axe des roues ira en augmentant depuis zéro jusqu'à l'infini.

Mais, d'un autre côté, puisqu'une élévation de l'axe des roues entraînera une augmentation dans l'immersion la plus convenable des pales, il y aura une double augmentation dans les bras de levier de toutes les forces agissantes, et comme la somme des composantes horizontales de ces forces ne devra pas cesser d'être égale à la résistance du bateau, c'est-à-dire d'être constante si la vitesse est donnée, il est bien clair qu'aucune force motrice décroissante ni même constante ne saurait être conçue dans l'arbre des roues, pendant que la hauteur C H croîtra jusqu'à l'infini si le nombre de tours de roues, par minute, n'allait pas, en même temps, en diminuant jusqu'à zéro.

Ainsi donc, les roues les plus élevées par leur axe, ou les roues les plus avantageuses quant au bon emploi de la force motrice, auront certainement la propriété de tourner plus lentement, et de finir par exiger des machines beaucoup trop pesantes, à raison de ce que la quantité $\frac{F}{N}$ dans les formules (2), (11) et (21) deviendrait infinie en même temps que CH.

Il n'est pas moins facile de comprendre qu'en élevant progressivement l'axe des roues à partir de $CH = 0$, il y aura une certaine hauteur convenable pour rendre la quantité $\frac{F}{N}$ un minimum, et si l'on connaissait la loi des fonctions φ, ψ des formules (21) en fonction de la hauteur CH désignée par z, on pourrait alors, non-seulement poser toutes les mêmes questions que celles que nous avons résolues au numéro précédent, par les équations (25), (26), (27), (28) et (29), mais il est encore évident que l'on serait amené à toutes les mêmes conditions algébriques, à cette différence près que les dérivées $\frac{d\varphi}{dx}$, $\frac{d\psi}{dx}$ seraient changées en $\frac{d\varphi}{dz}$, $\frac{d\psi}{dz}$.

Finalement donc, quand la coque et la vitesse d'un bateau à vapeur seront données en même temps que le système des machines et la longueur des pales, il n'y aura plus rien d'indéterminé dans les roues; on a vu, en effet, que, si l'on fixait d'abord arbitrairement la position du centre, on ne tarderait pas à trouver expérimentalement à la fois le nombre, la hauteur, la direction et la profondeur d'immersion les plus convenables des pales, puis, que la hauteur même du centre des roues ne devrait être ni trop grande ni trop petite.

La solution variera, du reste, suivant le but qu'on se proposera d'atteindre, mais il y aura toujours, d'un côté, une certaine profondeur d'immersion maximum, et l'on pourrait ajouter une hauteur infinie de l'axe des roues pour le meilleur emploi de la force motrice; d'un autre côté, il y aura aussi une certaine profondeur d'immersion minimum, et l'on pourrait ajouter une hauteur minimum de l'axe des roues pour le moindre poids des machines à égale vitesse du bateau; entre ces deux limites fondamentales, ensuite, l'une pour la roue la plus parfaite, et l'autre pour la machine la moins pesante, seront comprises toutes les autres solutions du problème, et plus ou moins près des deux limites fondamentales, suivant l'importance respective des rapports :

$$\frac{mL}{sV}, \quad \frac{mL}{(s+qT)V}, \quad \frac{mL^3V^2}{E},$$

dont les deux premiers varient comme $\frac{L}{V}$, et le dernier comme $\frac{L^3V^2}{E}$, ou simplement comme V^2 quand les bateaux seront semblables.

Quand d'ailleurs on s'attachera de préférence à la durée maximum du combustible par les formules (29), il suffira que la vitesse V des bateaux semblables soit constante, pour que les roues doivent être semblables; mais, si les bateaux les plus grands devaient marcher un peu plus vite, il faudrait, d'une part, à hauteur égale de l'axe, une moindre immersion des pales, et, d'autre part, il faudrait aussi que l'axe fût placé un peu moins haut, ce qui entraînerait une nouvelle diminution dans l'immersion.

Et cette conséquence générale ne saurait être révoquée en doute, puisqu'elle subsisterait encore si l'on avait

$$\frac{V}{\sqrt{L}} = \text{const.},$$

Auquel cas les formules (9) et (21) deviendraient rationnellement exactes au fond.

Toutefois, comme les expériences qui viennent d'être relatées dans ce numéro et dans le précédent n'ont pas encore été effectuées jusqu'à ce jour, on est obligé de donner aux applications pratiques une autre base, en prenant simplement comme type l'un des meilleurs bâtiments à vapeur actuellement connus, et cherchant à faire d'autres bâtiments semblables à celui-là avec d'autres vitesses V et des dimensions linéaires L fois plus grandes; et, comme à ce point de vue les vitesses V et les rapports L seront nécessairement fort restreints dans leurs variations pratiques, il y a tout lieu de croire que, si le bateau type était convenablement disposé, d'autres bâtiments, semblables à celui-là, dans leurs coques et dans leurs roues, auraient également à très-peu près toute la perfection désirable dans ce genre de recherches.

7. En appliquant, ainsi qu'il vient d'être dit, les formules (1) et (21) à l'un des meilleurs bateaux à vapeur actuellement connus, afin de calculer les valeurs numériques des coefficients φ, ψ, regardés comme constants, on pourra, de même, particulariser les formules (2) et avoir les valeurs numériques des constantes m, s, q, dans l'hypothèse d'une parfaite similitude des machines; alors la théorie générale des bateaux à vapeur se trouvera renfermée dans les formules que voici :

$$\left.\begin{array}{l}
F = \dfrac{S}{s} = \dfrac{Q}{q} = \varphi V^3 L^2 \\[2mm]
N = \dfrac{\varphi}{\psi} \dfrac{V}{L} \\[2mm]
\dfrac{F}{N} = \dfrac{M}{m} = \psi V^2 L^3 \\[2mm]
A = M + S = F\left[\dfrac{m}{N} + s\right] = V^2L^2[m\psi L + s\varphi V] \\[2mm]
E = A + QT = F\left[\dfrac{m}{N} + s + qT\right] = V^2L^2[m\psi L + (s + qT)\varphi V] \\[2mm]
T = \dfrac{E - A}{Q} = \dfrac{E}{qF} - \dfrac{m}{qN} - \dfrac{s}{q} = \dfrac{E}{q\varphi V^3L^2} - \dfrac{m\psi}{q\varphi}\dfrac{L}{V} - \dfrac{s}{q} \\[2mm]
\text{Et, enfin,} \\[2mm]
d^2c = \dfrac{KF}{N} = K\psi V^2L^3
\end{array}\right\} (32).$$

Ainsi, pour une vitesse constante, la force motrice, le poids des chaudières et la consommation de combustible devront croître comme deux dimensions linéaires ou comme les surfaces des coques; le nombre de tours de roues sera en raison inverse des dimensions linéaires, mais le volume et le poids des machines seront comme trois dimensions linéaires ou comme les déplacements, et il y aura similitude parfaite dans les dimensions des coques et des roues comme dans celles des machines; enfin, comme l'exposant de charge sera proportionnel au cube des dimensions linéaires, on voit que la durée maximum de la marche, par la consommation entière du combustible, croîtra plus rapidement qu'une dimension linéaire, à cause du terme constant négatif $\dfrac{s}{q}$ dans la dernière des formules (32).

Cette formule montre encore que si L devenait inférieur à l'unité, la quantité T ne tarderait pas à se réduire à zéro et à devenir ensuite négative, c'est-à-dire qu'il y aurait impossibilité de contenir le poids des machines et de réaliser une vitesse égale sans augmenter l'exposant de charge E au delà des proportions de similitude des coques.

La difficulté principale des bateaux à vapeur, celle des grandes vitesses et des longs voyages en même temps, ne pourra donc être résolue que par de grands navires et par de puissantes machines, sans même parler de l'influence contraire d'une mer houleuse, qui sera toujours proportionnellement plus forte dans un petit navire que dans un grand.

Pour mieux comprendre encore cette question, il faut se placer au point de vue d'une entreprise de transport, et examiner s'il y a plus d'avantages à disséminer une certaine force motrice totale sur plusieurs petits navires ou à appliquer la même force entière à un navire unique de même tonnage que les autres ensemble.

De cette manière, on sera amené à considérer la force motrice F dans les formules (32), comme proportionnelle à L^3, et, par suite, la vitesse V comme proportionnelle à la racine cubique de L. Le nombre N ne cessera pas de diminuer avec la grandeur des bateaux, mais moins rapidement, et comme la racine cubique de $\frac{1}{L^2}$ seulement.

La quantité $\frac{F}{N}$, ou le volume et le poids de la machine, croîtront comme $L^{\frac{2}{3}} L^3 = L^{\frac{11}{3}}$, c'est-à-dire plus rapidement que le volume et le déplacement du bateau. Mais la durée maximum de la marche, ou la quantité T, se composera d'une partie constante $\frac{E}{q\varphi V^3 L^2} - \frac{s}{q}$, moins la partie variable $\frac{m\psi L}{q\varphi V}$, qui sera proportionnelle à la racine cubique de L^2, ou en raison inverse du nombre des tours de roues, c'est-à-dire d'autant plus grande, que le navire lui-même sera plus grand. Ainsi donc, la durée de la marche diminuera, et l'on voit finalement que, si l'on s'imposait une valeur constante pour T, les forces des machines ne devraient pas croître aussi rapidement que les déplacements, mais plus rapidement que les carrés des dimensions linéaires des bateaux.

Nous ne nous arrêterons pas à retourner les formules (32), en fonction de F ou de N, comme nouvelles variables indépendantes; mais il est nécessaire d'examiner particulièrement les règles de l'établissement du mécanisme, ainsi qu'on le verra au numéro suivant.

8. Les coefficients φ, ψ étant déterminés numériquement par l'application

des formules (1) et (21) à l'un des meilleurs bateaux à vapeur actuellement connus, et le rapport L des dimensions linéaires d'un autre bateau semblable étant donné en même temps que la vitesse V,

Les règles de l'établissement du mécanisme résideront uniquement dans les formules

$$\left.\begin{aligned} F &= \varphi V^3 L^2 \\ N &= \frac{\varphi}{\psi}\,\frac{V}{L} \\ d^2c &= \frac{KF}{N} = K\psi V^2 L^3 \end{aligned}\right\} \quad \ldots\ldots\ldots \quad (33);$$

Dont la première déterminera la force de la machine, la seconde le nombre de tours de roues par minute, et la troisième le volume des cylindres, sans qu'il y ait aucune relation obligatoire entre d et c.

Ainsi donc, le fabricant sera parfaitement libre d'établir entre d et c telle relation arbitraire qu'il lui plaira, suivant la forme géométrique qu'il voudra donner à sa machine, ou suivant le creux que lui offrira le bateau dans la cale.

Dans les machines à connexion directe, par exemple, on pourra toujours réduire convenablement la course c, pour ne pas avoir de trop grandes obliquités dans les positions extrêmes des grandes bielles, et alors la dernière des formules (33) déterminera le diamètre correspondant du piston à vapeur.

Dans les machines à balanciers, la course c pourra être prise beaucoup plus longue, parce que les grandes bielles pourront descendre en bas jusqu'au vaigrage de la cale, et les grandes courses sont certainement préférables, en général, sous bien des rapports; mais, pour éviter de trop grandes obliquités dans les positions extrêmes des balanciers, il sera nécessaire d'allonger aussi ces pièces dans une proportion convenable avec la course; d'un autre côté, la section du cylindre entraînera immédiatement celle du tiroir, du condenseur et de la pompe à air, et déterminera une certaine longueur, strictement nécessaire dans la machine, suivant l'ordre de juxtaposition des pièces principales qui viennent d'être citées; allonger les balanciers au delà de cette limite, ce serait augmenter la longueur et le poids des bâtis ou diminuer au moins la solidité.

Et, par cet examen, l'on voit qu'il y aura autant de motifs de faire croître la longueur des balanciers proportionnellement au diamètre des cylindres que proportionnellement à la course, c'est-à-dire que, en somme, dans toute machine à balancier bien disposée, le rapport $\frac{c}{d}$ ne devra pas excéder de certaines limites assez resserrées, en plus et en moins, suivant l'usage de quelques-uns des meilleurs fabricants.

Supposons donc que l'on fasse

$$\frac{c}{d} = \rho \quad \ldots \ldots \quad (34).$$

Alors la dernière des formules (33) donnera

$$d = L \sqrt[3]{\frac{K \psi V^2}{\rho}}$$

et l'on aura en même temps

$$c = L \sqrt[3]{K \psi \rho^2 V^2} \quad \ldots \ldots \quad (35),$$

C'est-à-dire que, à vitesse égale, la course et le diamètre des cylindres varieront comme les dimensions linéaires des bateaux.

Mais, quand la vitesse V devra croître en même temps que L, alors c et d croîtront plus rapidement, et, si, dans le bateau type, tout le creux de la cale était occupé par les machines, il faudrait nécessairement, dans le nouveau bateau, ou renoncer à la constance du rapport ρ, ou enfin tracer le maître couple avec un plus grand tirant d'eau et une moindre largeur correspondante.

A ce point de vue spécial, il y aurait lieu de considérer la course c dans la dernière des formules (33), comme ne devant pas excéder une certaine limite proportionnelle à L, de manière que lorsqu'une fois cette limite aurait été atteinte, dans quelque système de machines que ce soit, il faudrait renoncer ensuite à la constance du rapport ρ, et faire varier, au contraire, le diamètre d comme la racine carrée de la quantité $V^2 L^2$ ou comme $V L$, et, par conséquent, le rapport ρ en raison inverse de la vitesse V ou comme $\frac{1}{L^{\frac{1}{3}}}$ quand V^3 croîtrait comme L.

Dans tous les cas, si l'on désigne par w la vitesse moyenne du piston à vapeur, on aura

$$w = 2cN = 2c \frac{\varphi}{\psi} \frac{V}{L} \quad \ldots \ldots \quad (36),$$

Et cette vitesse ne sera soumise à aucune autre restriction que celle que l'on voudra ou qu'on devra s'imposer au sujet de la course c, ainsi qu'il vient d'être expliqué.

De cette manière donc, dans le système ordinaire des machines à balanciers, d'après les formules (35), on trouvera

$$w = 2 \sqrt[3]{K \frac{\varphi^3}{\psi^2} \rho^2 V^5} \quad \ldots \ldots \quad (37),$$

C'est-à-dire que la vitesse w devra croître comme la racine cubique de la cinquième puissance de la vitesse V du bateau.

Quand, au contraire, la course c sera prise proportionnellement à L seulement, alors la vitesse w du piston croîtra directement comme la vitesse même du bateau.

Tels sont, à nos yeux, les principes généraux de l'établissement du mécanisme des bateaux à vapeur; et le lecteur n'aura pas manqué, sans doute, de remarquer déjà quelle différence essentielle il y a entre cette manière de voir et celle assez répandue, qui consiste

1° A regarder les poids des machines des grands bateaux à vapeur comme ne cessant pas d'être proportionnels à leur force nominale, quoique dans la formule (1)

$$d^2c = \frac{KF}{N},$$

Le nombre N aille manifestement en diminuant par l'augmentation du diamètre des roues;

2° A disserter à priori, sur le plus ou moins de vitesse des pistons à vapeur, par des considérations tout à fait gratuites et sans pénétrer dans le fond même du sujet.

Nous laisserons d'ailleurs aussi au lecteur le soin de retourner les formules (33), (34), (35), (36) et (37), en fonction de F, de N, de d ou de c, comme autant de nouvelles variables indépendantes (*), et nous passerons de suite à l'objet spécial du présent rapport.

(*) Voyez pour cet objet, en partie, le chapitre XI et la fin du chapitre XVII.

CHAPITRE V.

DU MEILLEUR TYPE DES BATIMENTS ACTUELS DE 160 CHEVAUX DE FORCE.

Tous les bâtiments de 160 chevaux de la marine royale sont construits sur les plans du *Sphinx;* le ministère des finances en possède une dizaine sur des plans différents, et notamment le *Périclès* depuis quelques mois à peine.

Les premiers ont 777 tonneaux de déplacement, les autres 771, et le *Périclès* 713 tonneaux seulement, avec des machines de même force et de mêmes dimensions principales mécaniques.

Le *Périclès* promet ainsi une marche supérieure, qu'il paraît avoir réalisée en effet; mais les résultats n'en sont pas assez connus encore pour être invoqués ici, et d'ailleurs un déplacement de 713 tonneaux, même en réduisant l'échantillon des bois du *Sphinx,* serait insuffisant avec le mode d'armement usité dans la marine royale.

Les autres bâtiments cités ont des vitesses à peu près égales, à savoir, de $8^{\text{nœuds}}$,0 à $8^{\text{nœuds}}$,5 au tirant d'eau normal de 3,33 en eau calme.

La hauteur de l'axe des roues au-dessus de la ligne de flottaison, au tirant d'eau normal de 3,33, a été fixée à 2 mèt. 21 pour les uns et à 2 mèt. 24 pour les autres; mais la hauteur effective est le plus souvent un peu moindre, et, dans l'*Eurotas*, elle paraît être de 2 mèt. 17 seulement.

En conséquence, nous fixerons la hauteur de l'axe des roues au-dessus du tirant d'eau normal à 2 mèt. 20.

Le nombre des pales est de 16, et leur largeur de 2 mèt. 444 à 2 mèt. 515 : nous porterons cette dernière cote à 2 mèt. 50.

La longueur des bras est enfin telle, que le diamètre, au bord extérieur des aubes, puisse être porté jusqu'à 6 mèt.

Mais les proportions des cylindres ne permettent jamais de réaliser cette disposition en même temps que la condition de dépenser une force nominale de 160 chevaux.

D'après le relevé des nombreuses expériences de recette qui ont eu lieu au port de Lorient, et par de certaines interpolations, on ne serait pas loin de la vérité en admettant que, au tirant d'eau de 3 mèt. 38, qui est plus proche du tirant d'eau moyen effectif de tous nos bateaux actuels de 160 chevaux que le tirant d'eau normal de 3 mèt. 33 et qui entraîne moyennement 2 mèt. 15 pour la hauteur de l'axe au-dessus de l'eau, une force motrice de 160 chevaux doit donner les résultats ci-après.

Diamètre au bord extérieur des aubes.	Nombre de tours de roues par minute.
6^{m},00.	20,2
5 ,90.	20,9
5 ,80.	21,6
5 ,75.	22,0
5 ,70.	22,3
5 ,60.	23,0

Mais quelles seraient les vitesses correspondantes du bateau pour choisir, d'une part, comme limite supérieure, la profondeur d'immersion la plus avantageuse au seul point de vue du meilleur emploi d'une force motrice donnée, d'autre part, comme limite inférieure, la profondeur d'immersion la plus avantageuse au seul point de vue du moindre poids des machines à égale vitesse du bateau? et enfin, telle autre solution intermédiaire que comportera le sujet, d'après les formules (11) du chapitre précédent, par exemple celle du maximum de durée du combustible à vitesse donnée du bateau?

Tout cela est inconnu, et cependant il y aura toujours une certaine profondeur d'immersion la plus avantageuse possible, à chaque point de vue auquel on voudra se placer; puis, à cette profondeur d'immersion, correspondra un certain nombre de tours de roues par minute, entièrement déterminé dès qu'on ajoutera que, dans cet état de meilleure installation, la vitesse du bateau doit être celle d'une force motrice de 160 chevaux.

Enfin la formule (1) du chapitre précédent

$$F = \frac{d^2 c N}{K},$$

c'est-à-dire

$$F = \frac{d^2 c N}{3001,2},$$

En mesures anglaises, pour un seul cylindre, quand la course c sera exprimée en pieds, et le diamètre d en pouces, ou

$$F = \frac{5086,1}{3001,2} d^2 c N = \frac{d^2 c N}{0,5901}. \quad . \quad . \quad . \quad . \quad . \quad (a).$$

Quand le mètre servira d'unité linéaire, aussi pour un seul cylindre; cette formule, disons-nous, déterminera immédiatement la quantité $d^2 c$ ou le volume du cylindre quand on y fera $F = 80$.

Ce volume donc sera en raison inverse du nombre N, et ne devra pas être pris arbitrairement, mais bien d'après la nature même des choses, d'autant plus grand que le nombre de tours de roues par minute le plus avantageux sera moindre et réciproquement.

Ainsi, aux différentes profondeurs d'immersion du tableau précédent, pour une hauteur d'axe de 2 mèt. 15 et un tirant d'eau de 3 mèt. 38, en faisant $F = 80$ dans la formule (*a*), on devrait avoir, pour la quantité $d^2 c$, les nombres de la dernière colonne ci-après.

Diamètre au bord extérieur des aubes.	Nombre de tours de roues par minute.	Valeur de la quantité d^2c.
6,00.	20,2.	2,337
5,90.	20,9.	2,259
5,80.	21,6.	2,186
5,75.	22,0.	2,146
5,70.	22,3.	2,117
5,60.	23,0.	2,052

Si l'on invoque, d'un autre côté, l'usage des fabricants anglais, d'après plusieurs bâtiments connus, on aura les résultats que voici :

Noms des bâtiments de 160 chevaux.	Noms des fabricants des machines.	*d.*	*c.*	d^2c.	Hauteur de l'axe des roues au-dessus de l'eau au tirant d'eau normal de 3^m,33.
Le Sphinx....	Fawcett...........	1,221	1,448	2,159	2,21
Le Papin...........	Fenton, Murray et Jackson.........	1,243	1,523	2,325	2,18
Le Lycurgue........		1,239	1,362	2,091	2,24
Le Tancrède........	Miller et Ravenhill....	1,231	1,372	2,079	2,22
L'Eurotas.	Maudsley...........	1,221	1,372	2,045	2,17

Ainsi, à l'exception du *Papin* et du *Sphinx*, les autres bateaux viennent se ranger près de la dernière ligne du tableau précédent; c'est-à-dire que, au tirant d'eau de 3 mèt. 38, le diamètre des roues devrait être de 5,60 environ, en eau calme, et, pour le *Sphinx*, de 5,75.

Mais, si les fabricants anglais avaient eu effectivement cette intention, pourquoi auraient-ils établi les rayons des roues à 6 mét. 00 de diamètre ? et n'y a-t-il pas lieu de croire aussi que la résistance de nos coques a dépassé les prévisions, ou, en d'autres termes, que le tirant moyen de la navigation est devenu trop considérable, ce qui aurait exigé une augmentation dans le diamètre des cylindres ou dans la quantité d^2c, au point de vue de la vitesse, et peut-être un abaissement de l'axe, au point de vue inverse de la légèreté des machines, et d'une plus longue durée du combustible à vitesse égale.

Il ne faut pas omettre d'ailleurs de considérer que, dans l'hypothèse d'une parfaite similitude des machines d'un même fabricant, laquelle hypothèse est, en effet, le principe rationnellement satisfaisant d'une égale solidité (*), la quantité d^2c ne représente pas seulement le volume des cylindres, mais encore le poids du mécanisme; et qu'ainsi tout fabricant auquel on n'imposera pas de garantir la vitesse du bateau aura un intérêt évident à réduire la quantité d^2c, afin de souscrire ses marchés à plus bas prix, tout en se ménageant la réputation de faire des machines moins pesantes, d'égale force normale; et l'on pourrait être même très-mal venu de lui en faire des reproches après la livraison, puisqu'il vous citerait des navires beaucoup plus légers et d'une marche supérieure pour lesquels ces machines auraient pu, sans le moindre doute, être très-convenablement appropriées, de telle sorte qu'il retournerait immédiatement tout ce qu'on voudrait lui citer de mauvaises proportions, contre la forme et le poids du navire, qui lui auraient été, en effet, parfaitement étrangers.

En résumé donc, à égale force motrice et tant qu'on ne voudra pas abaisser l'axe des roues, la quantité d^2c devra augmenter avec la résistance des coques.

Cette quantité devrait même être assez considérable pour qu'on pût débiter avantageusement toute la vapeur des chaudières dans l'état moyen de la navigation, sauf à modérer ensuite l'action de la vapeur au tirant d'eau lége et en eau calme; d'ailleurs, au tirant d'eau en charge comme dans le mauvais temps, on n'aura jamais à se plaindre de cylindres trop spacieux.

Par ces motifs, finalement, nous ne voudrions pas fixer la quantité d^2c à

(*) Et d'une égale harmonie dans les conditions mécaniques, sauf toutefois les surfaces des passages de vapeur, y compris la section du tiroir et de sa boîte, qui devraient varier en principe exactement comme la quantité d^2w ou d^2cN, c'est-à-dire comme les forces nominales ; mais cette exception ne mérite pas d'être prise en considération ici dans le texte, et il n'en sera spécialement question qu'aux chapitres VII et XVII.

moins de 2 mèt. 20 dans un bâtiment de la marine royale de 160 chevaux de force, même en réduisant le déplacement à 747 tonneaux $\frac{1}{2}$ et la surface immergée du maître couple à 21 mètres carrés, comme dans le plan proposé du *Brandon*.

Par ce seul fait nous augmenterions le poids des machines de l'*Eurotas* de 1 à $\frac{2,20}{2,045} = 1,076$, c'est-à-dire de près de 8 pour 100, en conservant, du reste, une parfaite similitude.

CHAPITRE VI.

DU MEILLEUR SYSTÈME DE MACHINES.

Les machines ordinaires à balancier et à basse pression ont une foule d'avantages que tout le monde leur accorde volontiers, mais on leur reproche un trop grand poids.

Parmi les avantages, nous voyons d'abord l'arrangement par file, dans le sens de la longueur, de toutes les pièces principales, telles que le cylindre, le tiroir, le condenseur et la bâche, la pompe à air, la grande bielle et l'arbre des roues;

Puis les deux couloirs latéraux et la cursive principale du milieu dans laquelle s'exécutent les opérations de surveillance et de conduite des mécanismes; par cette disposition, toutes les parties essentielles des machines sont plus accessibles constamment que dans aucun autre arrangement, les courses des pistons peuvent aussi être rendues plus grandes, et les deux machines conjuguées peuvent, au besoin, être rendues indépendantes sans cesser d'être toujours balancées.

Quant au reproche d'un grand poids, le voici exprimé en chiffres :

Les machines du *Sphinx*, de 160 chevaux de force, ne pèsent pas moins de 200 tonneaux, les chaudières pleines d'eau, d'après les relevés de l'usine d'Indret, et 194 seulement d'après l'ouvrage de M. Campaignac, à savoir :

Poids des chaudières vides, avec tous leurs accessoires.	57	
Eau contenue.	33	
Total pour les chaudières.	90. . ci..	90
Charpente des machines et balanciers.	27	
Le surplus du mécanisme et les accessoires.	77	
Total pour les machines.	104. . ci .	104
Total général		194

Cela étant, supposons qu'au système à balanciers du *Sphinx* on veuille substituer des machines à connexion directe ou d'un autre système quelconque à basse pression, et voyons quelle réduction de poids on pourra se flatter de réaliser par le seul changement de système.

Évidemment les chaudières, le cylindre, le tiroir, le condenseur, la pompe à air et la bâche, le piston et sa tige, les traverses et bielles, les manivelles, les roues et une foule d'accessoires seront des pièces immuables; si ces différentes pièces pouvaient être réduites sans inconvénient dans un autre système, elles pourraient l'être à l'instant même dans le système à balanciers, et réciproquement.

En somme donc, les seules parties réduisibles expressément adhérentes au système à balanciers, ce seront les 27 tonneaux de poids des bâtis et des balanciers, auxquels il convient de joindre 4 tonneaux au plus pour cette partie des plaques de fondation, qui ne sert pas de fermeture nécessaire, au condenseur, à la pompe à air et au fond du cylindre, en tout 31 tonneaux.

Eh bien, accordons que, par un changement de système, on parvienne à réduire ces 31 tonneaux à moitié, ou même au tiers seulement, car la suppression entière serait manifestement impossible, alors voilà de 15 à 20 tonneaux de diminution sur un poids total de 200 tonneaux environ, c'est-à-dire $\frac{1}{10}$ à peine.

Ce n'est pas à dire cependant qu'il faille dédaigner une telle réduction de poids, de $\frac{1}{10}$ ou de 15 à 20 tonneaux, et qui représentera une journée de combustible; mais *une condition essentielle à nos yeux sera que cette réduction ne soit pas obtenue au préjudice uniquement des avantages capitaux du système à balanciers dans le service pratique des machines*, chose peu facile assurément.

Aussi M. l'inspecteur général du génie maritime, dans sa lettre explicative de la dépêche du 6 août 1842, à la date du 4 août 1842, a-t-il fort sagement conseillé de préférence le système à balancier de Miller et Ravenhill ou celui de Maudsley.

Ce dernier, outre l'élégance qui lui est propre, brille encore par une légèreté excessive, puisque l'appareil de l'*Eurotas* est porté à 128 tonneaux seulement, les chaudières vides, tandis que l'appareil de Miller et Ravenhill pèserait 140 tonneaux, et celui du *Sphinx* 160 au même point de vue.

Mais la majeure partie de cette différence n'est qu'apparente, ou du moins facile à expliquer sans être à charge au système du *Sphinx*.

Dans les machines du *Sphinx*, la quantité d^2c est de 2,159, et dans l'*Eurotas* de 2,045 seulement. Ainsi, pour établir une comparaison équitable, les 104 tonneaux de poids du *Sphinx* devront être réduits à......

$$\frac{104 \times 2,045}{2,159} = 98,5.$$

Ensuite, la fraction de course d'introduction étant 0,90 dans le *Sphinx*, et de 0,70 seulement dans l'*Eurotas*, il faudra réduire les 57 tonneaux de poids des chaudières à

$$\frac{57 \times 0,70}{0,90} = 44,3.$$

Total. . . . . 142,8.

Retranchant enfin 3 tonneaux environ pour les plaques de fondation qui ont été supprimées dans l'*Eurotas*, il ne restera pas 140 tonneaux pour le système *Sphinx*, c'est-à-dire à peine ce que pèse l'appareil de Miller et Ravenhill, et 10 à 12 tonneaux de plus seulement que celui de Maudsley.

Il va sans dire d'ailleurs que, dans ce dernier, il serait impossible d'obtenir de 15 à 20 tonneaux de réduction, par la suppression des bâtis et balanciers, comparativement à un autre système quelconque d'égale solidité.

Quoi qu'il en puisse être toutefois, après avoir hésité seulement entre les systèmes à balanciers du *Tancrède* et de l'*Eurotas*, nous avons fini par accorder notre préférence à ce dernier, pour l'apparence extérieure du moins, et pour les bâtis principalement, dont les formes arrondies, et surtout une plus grande solidité à la jonction avec le cylindre, plus encore que leur élégance, comparativement aux bâtis du *Tancrède*, nous ont particulièrement séduit.

Mais nous proposerons de rétablir la plaque de fondation, malgré une augmentation de poids correspondante de quelques tonneaux, indépendamment des 7 à 8 p. 100 dont il a été parlé à la fin du chapitre précédent.

CHAPITRE VII.

FIXATION DES DIMENSIONS DU NOUVEL APPAREIL PROPOSÉ.

Le *Brandon* devant avoir les mêmes roues et la même force motrice que les bâtiments actuels de 160 chevaux, on pourrait y installer un appareil ordinaire dans lequel la quantité $d^2 c$ serait fixée convenablement à 2,20 environ, conformément à ce qu'on a dit au chapitre V.

Mais, dans le nouvel appareil, il s'agit d'arrêter l'introduction de la vapeur aux 0,50 de la course et d'agrandir le volume des cylindres, de manière à conserver la même force motrice en tenant compte du bénéfice de l'expansion.

D'après les calculs de l'auteur dans son mémoire de 1838, ce but serait atteint si l'on multipliait le volume des cylindres d'un appareil ordinaire par 1,235; cependant, dans les conclusions du mémoire, comme dans le rapport plus ancien du 7 décembre 1836, il est proposé, en nombre rond, d'agrandir le volume des cylindres de $\frac{1}{4}$; ainsi donc, dans le nouvel appareil, la quantité $d^2 c$, ou $D^2 C$ pour mieux distinguer, devra être de

$$2{,}20 \times 1{,}235 = 2{,}717 \quad \text{à} \quad 2{,}20 \times 1{,}25 = 2{,}75;$$

Le nombre de tours de roues par minute ne changeant pas, c'est-à-dire étant le même que pour une force nominale ordinaire de

$$160 \times 1{,}235 = 197^{\text{ch.}},6 \quad \text{à} \quad 160 \times 1{,}25 = 200^{\text{ch.}},$$

Et, par conséquent, de 21,5, comme on pourra s'en assurer en faisant le calcul.

D'ailleurs, la dépense de vapeur dans un cylindre de 200 chevaux alimenté jusqu'à mi-course seulement sera les $\frac{0{,}50}{0{,}854}$ de la dépense qu'on aurait à faire dans le même cylindre jusqu'aux 0,854 de la course, ou de $\frac{200 \times 0{,}50}{0{,}854} = 117$ chevaux.

Or, une fois la quantité $D^2 C$ fixée comparativement à d'autres machines semblables, dans lesquelles on aurait $d^2 c$, il suffirait de multiplier toutes les dimensions linéaires de ces derniers par le nombre abstrait

$$\sqrt[3]{\frac{D^2C}{d^2c}}$$

pour avoir une solution parfaitement rationnelle du problème proposé, tant sous le rapport des fonctions mécaniques (*) que sous celui de la solidité.

On pourrait croire, au premier abord, que, de cette manière, la pompe à air et le condenseur auraient des dimensions exagérées, puisque la quantité de vapeur à condenser se trouvera, au contraire, réduite.

Cette opinion serait fondée, en effet, si l'allure du nouvel appareil restait toujours la même; mais, dans le mauvais temps, quand on voudrait alimenter les cylindres à pleine course avec un faible nombre de tours de roues par minute, il faudrait évidemment alors que la capacité de la pompe à air fût en rapport avec le volume entier du cylindre à vapeur, comme dans les machines ordinaires, et le condenseur lui-même devra participer un peu à cet accroissement si l'on veut supposer la plus légère introduction d'air par quelque joint mal fait, ou une injection d'eau froide un peu trop abondante.

En résumé donc, la multiplication de toutes les dimensions linéaires en général, par le facteur $\sqrt[3]{\frac{D^2C}{d^2c}}$ (**), devrait être maintenue en principe dans l'application spéciale aux bateaux à vapeur dont il s'agit ici, sauf, toutefois, une certaine tolérance en moins à l'égard du condenseur, dans le cas où les formes d'exécution et d'assemblage du système y donneraient naturellement lieu.

De cette manière, en prenant pour type les machines de l'*Eurotas*, l'augmentation serait de $\frac{1}{10}$ dans tous les sens.

Mais la course des machines de Maudsley, dans l'*Eurotas*, comme de celles de Miller et Ravenhill, dans le *Tancrède*, est de 1,372, et le creux de la cale est tellement occupé déjà, qu'on ne pourrait augmenter la course de $\frac{1}{10}$ sans faire aussi de trois choses l'une :

1° Ou percer le pont pour donner passage à la tige du piston avec sa traverse, sans allonger la grande bielle, puisque l'axe des roues ne doit pas changer;

2° Ou hausser le pont en entier avec toutes les œuvres mortes;

3° Ou enfin tracer la section transversale du bâtiment avec plus de profondeur.

(*) Sauf, toutefois, les surfaces de tous les passages de vapeur, y compris la section horizontale du tiroir et de sa boîte, qui devraient croître ensemble comme les forces nominales, c'est-à-dire que leurs dimensions linéaires devraient être multipliées par $\sqrt{\frac{D^2CN}{d^2cN}} = \frac{D}{d}\sqrt{\frac{C}{c}}$.

(**) Sauf celles des passages de vapeur qu'il faudrait multiplier par $\frac{D}{d}\sqrt{\frac{C}{c}}$.

La première disposition n'entraînerait ni augmentation de poids, ni augmentation de surface résistante, et n'affaiblirait pas absolument le pont, puisqu'il y a déjà deux panneaux dans les mêmes alignements, au-dessus des manivelles; toutefois nous n'avons pas songé seulement à la proposer, et, après avoir essayé différentes combinaisons avec la forme du maître couple, nous avons pris définitivement pour dimensions fondamentales de l'appareil du *Brandon*

La course $C = 1$ mèt. 40,

Le diamètre $D = 1$ mèt. 40,

Le nombre de tours de roues par minute $N = 21{,}5$;

d'où $$D^2C = 2{,}744,$$

et $$2 \times \frac{D^2CN}{0{,}59} = 200 \text{ chevaux.}$$

Il n'y aura plus ainsi de similitude avec l'appareil type de l'*Eurotas*, et il reste à savoir comment on devra faire varier toutes les autres dimensions, aux deux points de vue des fonctions mécaniques et de la solidité respectivement.

Or les conditions mécaniques ne cesseront pas manifestement d'être exactement remplies quand toutes les dimensions horizontales de l'*Eurotas* viendront à croître ensemble comme le diamètre du cylindre à vapeur, et les dimensions verticales comme la course (*).

Si l'on érige ensuite en principe que toutes les forces de traction ou de pression, dans le système entier, sont proportionnelles à la section du piston ou à d^2, il est clair que, par le même procédé, on satisfera aussi à la condition d'une égale solidité : d'une part, en ce qui concerne la résistance de toutes les parois verticales du cylindre, du tiroir, de la boîte à tiroir, du condenseur et de la pompe à air; d'autre part, en ce qui concerne toutes les pièces verticales fixes ou mobiles, qui supportent des tractions ou des pressions seulement dans le sens de leur longueur.

Mais les parois horizontales, c'est-à-dire les fonds et couvercles du cylindre, de la boîte du tiroir, du condenseur et de la pompe à air, et la plaque de fondation enfin, devront croître en épaisseur comme le diamètre, et en

(*) Le cas exceptionnel, en général, pour les surfaces des passages de vapeur, y compris la section du tiroir et de sa boîte, n'aura même plus lieu ici, parce que l'on aura $\sqrt{\frac{C}{c}} = \sqrt{\frac{1{,}40}{1{,}372}} = 1{,}010$, et qu'ainsi, à 1 pour 100 près, le multiplicateur spécial $\frac{D}{d}\sqrt{\frac{C}{c}}$ se confondra simplement avec $\frac{D}{d}$.

volume, par conséquent, comme d^3 : il en sera de même exactement de toutes les pièces qui résisteront par traction ou par pression dans le sens horizontal.

Les pièces qui résistent à la flexion transversale, comme les traverses des tiges de piston et les balanciers, devront croître, comme le diamètre du piston, dans tous les sens, et leurs volumes, par conséquent, seront aussi comme d^3.

Quant aux arbres des roues, la pression de la grande bielle étant comme d^2, et le rayon des manivelles comme c, on aura la quantité d^2c pour l'effort de torsion sur les arbres et de flexion sur les manivelles ; le diamètre de l'arbre et les dimensions transversales des manivelles devront donc croître comme la racine cubique de d^2c, et alors, à longueur égale, le volume des arbres croîtra comme $(\sqrt[3]{d^2c})^2$ ou $(d^2c)^{\frac{2}{3}}$.

En résumé donc, quand on prendra pour type les machines de l'*Eurotas*, on arrivera à une solution rationnellement satisfaisante du nouvel appareil proposé, en multipliant les dimensions linéaires du premier par les coefficients ci-après, à savoir :

1° par $\frac{D}{d} = \frac{1,40}{1,221} = 1,1466$. . . .	Non-seulement toutes les dimensions horizontales, mais encore les dimensions verticales, ou les épaisseurs des plaques horizontales, des arcs-boutants ou tirants horizontaux, et enfin de toutes les pièces sollicitées à la flexion transversale, telles que les balanciers, les T, etc.
2° par $\frac{C}{c} = \frac{1,40}{1,372} = 1,0204$. . . .	Les hauteurs principales des bâtis, cylindres, etc., et toutes les autres dimensions verticales qui ne rentrent pas dans la catégorie précédente.
3° par $\sqrt[3]{\frac{D^2C}{d^2c}} = \sqrt[3]{\frac{2,744}{2,045}} = 1,1029$. .	Le diamètre de l'arbre des roues, ainsi que les cotes transversales des rayons et des manivelles.

CHAPITRE VIII.

DU POIDS DES MACHINES PROPREMENT DITES DANS LE NOUVEL APPAREIL.

De ce qui vient d'être dit au chapitre précédent, il résulte

1° Que toutes les parois verticales et toutes les pièces tirées ou comprimées verticalement, dont les hauteurs croîtront comme c et les dimensions horizontales comme d^2, varieront en poids proportionnellement à $d^2 c$;

2° Que les plaques horizontales, les arcs-boutants ou tirants horizontaux, et les pièces sollicitées à la flexion transversale, telles que les balanciers, les T, etc., varieront en poids comme d^3;

3° Que les arbres à égale longueur et les roues à égal diamètre varieront en poids proportionnellement à $(d^2c)^{\frac{2}{3}}$.

Ainsi donc, en nommant α, β, γ trois coefficients constants, et M le poids entier des machines, on aura

$$M = \alpha d^2c + \beta d^3 + \gamma (d^2c)^{\frac{2}{3}},$$

et, à valeur égale de la quantité $d^2 c$, toute diminution dans la course entraînera généralement une augmentation dans le poids des machines; mais il importe principalement ici d'arriver à des évaluations numériques.

Or, d'après ce qui a été dit, l'appareil de l'*Eurotas*, sans eau dans les chaudières, pèserait. . . . . 128 tonneaux;

Et, en estimant le poids des chaudières à. 44

Il resterait, pour le poids des machines. 84

A quoi il conviendrait d'ajouter 4 tonneaux au plus pour cette partie des plaques de fondation du nouvel appareil, qui ne servira pas de fermeture nécessaire au cylindre, au condenseur et à la pompe à air.

Néanmoins nous estimerons le tout à 90 tonneaux, à savoir :

Pour le terme αd^2c de la formule précédente.	50
Pour le terme βd^3.	15
Pour le terme $\gamma (d^2c)^{\frac{2}{3}}$.	25
Total égal.	90 tonneaux.

Cela convenu, en passant au nouvel appareil, on aura d'abord

$$\frac{D^2C}{d^2c} = 1,3415$$

$$\frac{D^3}{d^3} = 1,507$$

$$\left(\frac{D^2C}{d^2c}\right)^{\frac{2}{3}} = 1,216 ;$$

Et ensuite les poids correspondants :

$$\alpha\, D^2C = 50 \times 1,3415 = 67,075$$
$$\beta\, D^3 = 15 \times 1,507 = 22,605$$
$$\gamma\, (D^2C)^{\frac{2}{3}} = 25 \times 1,216 = 30,400$$

Total cherché. . . . 120,080

Ainsi donc, les nouvelles machines pèseraient 120 tonneaux ou le tiers en sus des machines de l'*Eurotas,* après y avoir ajouté une plaque de fondation; et, si l'on observe que le même type, dans le système *Sphinx,* ne pèserait pas plus de 98,5, d'après ce qui a été dit au chapitre VI, on voit que le poids cherché du nouvel appareil ne devrait excéder, en aucun cas, 130 tonneaux.

CHAPITRE IX.

DU MÉCANISME A EXPANSION VARIABLE.

La condition essentielle du nouvel appareil étant la faculté de faire varier la détente à volonté, à partir de la moitié au moins de la course, on s'est arrêté à l'idée d'avoir un tiroir ordinaire qui réglât invariablement les communications du cylindre avec le condenseur et l'introduction de la vapeur jusqu'aux 0,84 de la course, puis d'établir un organe spécial de fermeture et d'ouverture dans le tuyau à vapeur, sur la boîte même du tiroir.

Pour cet organe, on avait le choix entre une simple valve, une soupape équilibrée comme celle du *Gomer*, et enfin une plaque glissante.

La valve a été rejetée dès l'abord comme ne donnant pas toujours une fermeture assez hermétique, chose assez indifférente dans les machines ordinaires à expansion purement facultative, mais d'importance majeure dans le nouvel appareil, où les chaudières auraient pu devenir insuffisantes dans l'allure normale en eau calme. La soupape équilibrée du *Gomer* a été rejetée ensuite par la difficulté principalement de la loger convenablement sans trop de gêne dans le mécanisme, et accessoirement aussi parce qu'elle paraît encore laisser à désirer sous le rapport d'une bonne fermeture, tout en augmentant beaucoup l'espace nuisible.

La préférence a donc été accordée à une plaque glissante sur la face plane de la boîte du tiroir, et l'on a choisi enfin une bielle d'excentrique ordinaire dans la cursive du milieu pour imprimer le mouvement.

La course est de 0 mèt. 28, et il y a deux orifices simultanés de 0 mèt. 56 de largeur sur 0 mèt. 056 de hauteur.

De cette manière, les vitesses d'ouverture et de fermeture, que l'on ne peut jamais avoir trop rapides, seront les mêmes que pour un orifice unique de largeur double, c'est-à-dire de 1 mèt. 12, avec une course de 0 mèt. 28, ou comme si la course était de 0 mèt. 56 pour une largeur d'orifice simple de 0 mèt. 56 et une hauteur de 0 mèt. 112.

Les temps d'ouverture et de fermeture seront d'ailleurs constants, et le plus ou moins de détente sera produit par une combinaison d'engrenages que l'on comprendra mieux sur les plans d'ensemble, et qui aura le même effet exactement que si le toc de l'excentrique pouvait être avancé ou reculé facultativement sur l'arbre menant d'un angle de 45° environ.

L'entrée de la vapeur pourra ainsi être arrêtée à volonté depuis les 0,37 jusqu'aux 0,75 de la course du piston, et la petite manivelle, qu'il suffira de tourner, à cette fin, dans un sens ou dans l'autre, au bas d'une des colonnes des bâtis dans la cursive du milieu, pour les deux machines à la fois, est tellement combinée, que chaque tour correspondra moyennement à $\frac{1}{100}$ d'introduction en plus ou en moins.

Voici, du reste, comment la machine devra fonctionner.

Dans la mise en train, les bielles d'excentrique à expansion seront désembrayées, et l'on modérera l'action de la vapeur, soit par les plaques glissantes convenablement fixées, soit par une valve à main ordinaire, suivant la préférence qu'il plaira aux mécaniciens d'accorder à l'un ou à l'autre moyen; en dehors des passes, on enclenchera les bielles d'excentrique à expansion, et on reculera le point de fermeture de la vapeur jusqu'à ce que les chaudières puissent suffire à alimenter convenablement les cylindres.

Dans les épreuves de recette, au tirant d'eau normal en eau calme, on établira les pales de manière à obtenir 21,5 tours de roues par minute avec une tension de 12^{c},7 en colonne de mercure dans les chaudières et introduction jusqu'à mi-course, afin de constater la puissance évaporatoire des chaudières et d'avoir un point de départ parfaitement connu.

Mais, en service, le diamètre des pales sera réglé par l'expérience seulement, de la manière qu'on trouvera la plus avantageuse dans les cas ordinaires de la navigation; et, si toutes nos prévisions pouvaient se réaliser, il faudrait que, au tirant d'eau lége en eau calme, on fût obligé d'arrêter l'introduction déjà avant la moitié de la course, par exemple aux 0,40 ou 45, en battant de 24 à 26 tours de roues par minute avec une tension de 12^{c},7 dans les chaudières.

Avec un plus grand tirant d'eau, on laisserait d'abord monter la tension dans les chaudières jusqu'à 0 mèt. 25 ou 0 mèt. 30, si elles étaient assez résistantes, et on n'augmenterait la fraction de course d'introduction que lorsque, par une nouvelle augmentation de tirant d'eau, ou par l'état houleux de la mer, les roues viendraient à tourner encore plus lentement, jusqu'à ce qu'enfin, à 9 ou 10 tours seulement par minute, on pût mettre le mécanisme à expansion au repos, et débiter toute la vapeur des chaudières à une tension de 0 mèt. 25 ou 0 mèt. 30, avec une introduction jusqu'aux 0,84 de la course par le tiroir ordinaire seulement.

En résumé, par le changement de position des pales et avec des chaudières un peu résistantes on pourra plus ou moins éloigner les vitesses extrêmes des roues, de 3 à 1 par exemple, et l'expérience seule devra indiquer le diamètre le plus convenable ou bord extérieur des aubes, suivant l'état le plus habituel de la navigation, et nullement d'après la condition de recette de battre 21,5 tours par minute en eau calme au tirant d'eau dit normal.

De la comparaison même de l'état le plus avantageux qu'on aura trouvé de cette manière, et de l'état normal de recette, jaillira peut-être quelque notion utile par la suite dans les règles générales de l'établissement du mécanisme des bateaux à vapeur (*).

(*) Voyez l'épure intitulée, *Théorie présumée des roues à aubes fixes des bâtiments actuels de la marine royale de 160 chevaux de force.*

CHAPITRE X.

DU CHOIX DÉFINITIF DES FORMES ET DIMENSIONS DES NOUVELLES MACHINES.

Nous avions à notre disposition les états de dimensions principales et de détail d'exécution

1° Des machines de l'*Érèbe*, de 60 chevaux, par Maudsley;

2° Des machines de l'*Eurotas,* de 160 chevaux, par Maudsley;

3° Des machines du *Tancrède,* de 160 chevaux, par Miller;

4° Des machines du *Sphinx,* de 160 chevaux, par Fawcett;

5° Des machines du *Véloce,* de 220 chevaux, par Fawcett;

6° Des machines d'un paquebot-poste, de 220 chevaux, d'après les plans des machines du *Tancrède;*

7° Des machines des bâtiments transatlantiques, de 450 chevaux, par une réunion de fabricants français.

Plus,

1° Les plans lithographiés de Toulon des machines de l'*Eurotas,* du *Tancrède* et du *Sphinx;*

2° L'atlas des machines de l'*Érèbe* relevées à Indret;

3° Les plans de détails cotés des machines du *Tancrède;*

4° Les plans d'ensemble des machines du paquebot-poste, de 220 chevaux, d'après celles du *Tancrède.*

Avec cette variété de documents, nous avons fini par adopter comme type principal, pour les formes les plus apparentes du moins, le système de l'*Eurotas,* sans toutefois nous y attacher servilement, ni pour l'ensemble, ni pour les détails, et en y introduisant notamment une plaque de fondation, malgré l'augmentation de poids qui en résultera.

Les règles fondamentales du chapitre VII ont été suivies autant que possible, en accordant la préférence quelquefois aux cotes de Miller et Ravenhill; mais ce qui nous a coûté beaucoup de peine, c'était d'établir des relations simples dans toutes les cotes d'ensemble et de détail sans sortir des règles qui viennent d'être mentionnées, et nous croyons y avoir réussi de manière à former des machines véritablement françaises ou de proportions métriques.

Ainsi la demi-course égale au demi-diamètre du piston à vapeur est de 0 mèt. 70; de cette unité fondamentale nous déduisons d'abord $\frac{1}{10}$ ou 7 centimètres, et ensuite $\frac{1}{100}$ ou 7 millimètres.

Cela étant, qu'on vérifie les quatre feuilles de plans d'ensemble annexées à ce rapport, et l'on trouvera que toutes les dimensions principales, et même les grandes cotes de détails, sont des multiples de 7 centimètres, tandis que toutes les petites cotes seront des multiples de 7 millimètres; le très-petit nombre de cas exceptionnels où l'on trouverait des cotes principales de 3 centimètres $\frac{1}{2}$ ou des cotes de détails de 3 millimètres $\frac{1}{2}$ ne mérite pas d'être cité.

Avec le devis d'échantillon d'un seul fabricant, il n'eût pas été possible toujours de suivre cette méthode si importante dans l'exécution sans déroger aux règles fondamentales du chapitre VII; mais, par une discussion attentive et par la comparaison incessante de tous les devis d'échantillon en nos mains, nous n'avons trouvé aucun inconvénient à y faire plier finalement toutes les dimensions, sans exception, jusqu'aux cotes de régulation des tiroirs.

Parmi les différents multiples de 7, il y en a qui ont une préférence marquée, ou du moins qui se présentent plus fréquemment que les autres; par exemple, le rayon intérieur du cylindre est de 70 centimètres, et le rayon extérieur du canal annulaire de 84, ou 12 fois 7; la moitié, le tiers, le quart et le sixième de 84 sont de 42, 28, 21, 14, et forment ensemble les dimensions les plus apparentes des bâtis et des autres pièces principales en centimètres; les mêmes nombres en millimètres, ou leurs multiples les plus immédiats, forment aussi la plupart des cotes apparentes de détails, tandis que les autres multiples de 7, tels que 35, 49, 70, 77, se montrent plus souvent dans les cotes intérieures ou non immédiatement apparentes; cependant la largeur de la bâche du condenseur et celle de chacune des deux arcades contiguës sont de 91 centimètres, multiple de 7 il est vrai, mais en rapport peu simple avec 84; le nombre 91, en centimètres, forme encore la hauteur du cylindre de la pompe à air et la demi-hauteur du cylindre à vapeur.

Enfin le demi-diamètre du cylindre étant pris pour unité, on aura les rapports ou longueurs principales ci-après :

La grande bielle. 4,50
La distance de l'axe du cylindre à l'axe des roues, dans le sens horizontal. 6,50
Les bielles pendantes du cylindre à vapeur. 3,75
— — de la pompe à air. 1,50
— — du tiroir à expansion. 2,00
— — du tiroir ordinaire. 1,80
ou 1,5 si 0 mèt. 8 était l'unité.
Les tringles verticales du parallélogramme. 3,00

Dans les machines de l'*Eurotas*, on chercherait vainement plusieurs relations de cette nature, et il n'y a pas notamment deux arcades de même ouverture.

Les tringles horizontales du parallélogramme formeront exactement les $\frac{2}{3}$

du bras correspondant du balancier, au lieu des $\frac{3}{4}$ comme dans l'*Eurotas*, et le mouvement du piston en sera bien plus rectiligne.

Les bâtis seront plus solides à leur jonction avec les cylindres à vapeur que dans l'*Eurotas,* sans compter le surcroît de solidité qui viendra de l'addition des plaques de fondation.

Les orifices des cylindres, qui ouvrent entièrement pour l'évacuation au condenseur, eussent été chacun de 500 à 600 centimètres carrés, en prenant pour type successivement chacun des sept appareils cités au début de ce chapitre (*), et l'ouverture maximum pour l'entrée de la vapeur eût été de 290 à 389 c^2; or, dans les machines proposées, on trouvera, pour chaque orifice entier, $56 \times 14 = 784$ centimètres carrés, au lieu de 500 à 600; et pour la quantité dont le même orifice ouvre, pour l'entrée de la vapeur, $56 \times 8,4 = 470,4$ centimètres carrés, au lieu de 290 à 389;

Le calcul donnera pour la section du piston 1539 centimètres carrés.

La distance horizontale de l'axe du cylindre à l'axe des roues étant de $6,5 \times 0$ mèt. $70 = 4,550$ dans les nouvelles machines, et de $1,905 + 1,968 = 3,873$ dans celle de l'*Eurotas,* on voit que le rapport effectif de l'allongement est de

$$\frac{4,550}{3,873} = 1,1748,$$

au lieu de

$$\frac{D}{d} = \frac{1,40}{1,221} = 1,1466, \text{ d'après le chapitre VII.}$$

Et, quoiqu'on ait

$$\frac{1,1748}{1,1416} = 1,0246,$$

Il n'en faut pas conclure une augmentation de poids de 2,5 pour 100, parce que les sections horizontales de toutes les pièces verticales n'ont été augmentées que proportionnellement au rapport $\frac{D}{d} = 1,1466$.

Somme toute, le poids des machines doit être estimé à 120 tonneaux ou à 125 au plus.

Il convient enfin de citer encore le groupement satisfaisant des organes directeurs des machines dans la coursive du milieu seulement, ainsi qu'on pourra s'en assurer sur les plans; à savoir :

1° La poignée de purge pour la mise en train;

(*) Voyez le tableau à la fin du chapitre XVII.

2° Le moulinet à engrenage pour la manœuvre du tiroir ordinaire à la main;

3° La poignée du robinet d'injection;

4° L'enclenchement et le désenclenchement de la bielle d'excentrique du tiroir ordinaire;

5° L'enclenchement et le désenclenchement de la bielle d'excentrique du tiroir à expansion ou de la plaque glissante;

6° La manivelle à changer la détente dans les deux machines à la fois et sans arrêter.

CHAPITRE XI.

DE LA FORCE NOMINALE ET DE LA FORCE EFFECTIVE PRÉSUMÉE DES NOUVELLES MACHINES SUPPOSÉES AGRANDIES DANS LE RAPPORT DE 7 A 10 LINÉAIREMENT.

En exécutant les mêmes machines sur une échelle plus grande, dans le rapport de 7 à 10, de manière que la demi-course égale ou demi-diamètre devînt 1 mèt. 00, on verrait toutes les dimensions principales marcher par 10, 20, 30, 40, 50 et 60 centimètres, les cotes de détails par autant de millimètres, et un bien petit nombre seulement par 5 centimètres ou 5 millimètres.

La section du piston augmenterait de. . . . . 1 à $(\frac{10}{7})^2 = 2,0408$,

Et la quantité D^2 C de. . . . . 1 à $(\frac{10}{7})^3 = 2,9155$.

Ainsi le poids s'élèverait de 120 tonnneaux à $120 \times 2,9155 = 350$ tonneaux.

Quant à la force, il y aura deux suppositions limites à faire :

1° Si les dimensions linéaires du bateau devaient être multipliées par. . . . . $(\frac{10}{7}) = 1,4286$

Les superficies par. . . . . $(\frac{10}{7})^2 = 2,0408$

Et le déplacement par. . . . . $(\frac{10}{7})^3 = 2,9155$

On ne cesserait pas d'avoir la même vitesse V pour le bateau, et la même vitesse w pour le piston, conformément à la théorie générale des formules (33), (34), (35), (36) et (37); mais le nombre N serait réduit aux $\frac{7}{10}$, ou à $21,5 \times \frac{7}{10} = 15,05$ tours par minute, et la force de la machine croîtrait comme le carré du diamètre seulement.

Ainsi la force nominale de 200 chevaux se changerait en. . . . . $200 \times 2,0408 = 408^{ch.}, 16$

La force effective présumée de 160 en. . $160 \times 2,0408 = 326\ ,\ 53$

Et la puissance des chaudières de 117 en. $117 \times 2,0408 = 238\ ,\ 77$

2° Si, au contraire, le déplacement du bateau devait croître comme la force motrice, afin d'avoir une vitesse plus grande proportionnellement à la racine cubique des dimensions linéaires du bateau ou à $\sqrt[3]{L}$, alors on trouvera, par la dernière des formules (33),

$$(\tfrac{10}{7})^3 = L^{\frac{2}{3}} L^3 = L^{\frac{11}{3}},$$

ou

$$L = (\tfrac{10}{7})^{\frac{9}{11}} = 1,339,$$

pour le rapport des dimensions linéaires des deux bateaux;

$$L^2 = \left(\tfrac{10}{7}\right)^{\frac{18}{11}} = 1{,}793,$$

pour le rapport des surfaces homologues;

$$L^3 = \left(\tfrac{10}{7}\right)^{\frac{27}{11}} = 2{,}400,$$

pour le rapport des déplacements;

$$L^{\frac{1}{3}} = \left(\tfrac{10}{7}\right)^{\frac{3}{11}} = 1{,}102,$$

pour le rapport des vitesses des deux bateaux;

$$\frac{V}{L} \quad \text{ou} \quad \frac{L^{\frac{1}{3}}}{L} = \frac{1}{L^{\frac{2}{3}}} = \frac{1}{\left(\frac{10}{7}\right)^{\frac{6}{11}}} = \frac{1}{1{,}215},$$

pour le rapport des nombres N, de sorte que, si, dans le premier bateau, on avait 21,5 tours de roues par minute, il viendrait, dans le deuxième,

$$N = \frac{21{,}5}{1{,}215} = 17{,}70.$$

La vitesse du piston à vapeur du premier bateau devrait être multipliée par la racine cubique de la cinquième puissance de la vitesse, ou par

$$L^{\frac{5}{9}} = \left(\tfrac{10}{7}\right)^{\frac{5}{11}} = 1{,}176,$$

et la force motrice enfin croîtrait comme le déplacement, c'est-à-dire comme

$$L^3 = \left(\tfrac{10}{7}\right)^{\frac{27}{11}} = 2{,}400.$$

Ainsi la force nominale primitive de 200 chevaux se changerait en. . . . . $200 \times 2{,}400 = 480{,}000$

La force effective présumée de 160 en. . . $160 \times 2{,}400 = 384{,}000$

Et la puissance des chaudières de 117 en. . $117 \times 2{,}400 = 280{,}800$

Toutefois, dans cette deuxième combinaison, le multiplicateur des dimensions linéaires de tous les passages de vapeur devrait être la racine carrée du rapport des forces nominales, c'est-à-dire

$$\left(\tfrac{10}{7}\right)^{\frac{3}{2}} = 1{,}707 \text{ au lieu de } \tfrac{10}{7} = 1{,}429.$$

Ajoutons que le déplacement du *Brandon* étant de 750 tonneaux, en nombre rond, le nouveau bateau déplacerait,

Dans la première supposition. . . . . 750 × 2,9155 = 2186^{ton},5
Et dans la deuxième. . . . . 750 × 2,400 = 1800 ,0

Ceci a pour objet de montrer l'utilité de nos principes et d'éclairer, en général, la question des bâtiments à vapeur de grandes dimensions.

Nous verrions même avec une satisfaction infinie que le ministre voulût agréer, en projet sérieux, l'une des deux suppositions que nous venons de faire, comme exemples de calcul principalement ici.

CHAPITRE XII.

DE LA PUISSANCE NOMINALE ET DE LA PUISSANCE EFFECTIVE DES CHAUDIÈRES A VAPEUR EN GÉNÉRAL.

La puissance vraie d'une chaudière est la masse d'eau vaporisée dans un temps donné, ou le volume de vapeur produit dans l'unité de temps à une certaine tension fixe, comme, par exemple, de $12^c,7$ en colonne de mercure, suivant l'usage général en Angleterre.

La tension dans les cylindres devant être très-peu inférieure à celle de la chaudière, dans une machine bien proportionnée, on aura une règle pratique fort simple et suffisamment exacte en prenant le volume déplacé par les pistons pendant la fraction de course d'introduction x.

En supposant donc que la fraction x ne change pas, on aura la formule connue

$$F = \frac{d^2 c N}{0,59},$$

qui représentera, au fond, le volume déplacé par le piston, c'est-à-dire une quantité proportionnelle au volume de vapeur dépensé par minute, et il n'y aura aucune distinction à faire entre la force nominale de l'appareil et la puissance évaporatoire des chaudières, en chevaux-vapeur l'une et l'autre.

Mais, aujourd'hui que les meilleurs fabricants d'Angleterre font varier la fraction de course d'introduction x depuis 0,90 jusqu'à 0,70, on applique évidemment la même dénomination nominale à des chaudières dont les pouvoirs diffèrent de 7 à 9; et, en persistant dans l'usage de rapporter les principaux éléments des chaudières, tels que la surface de chauffe, le volume des foyers, de l'eau, du réservoir à vapeur, etc., à l'unité conventionnelle dite cheval-vapeur, on est tombé dans une grande confusion.

Ainsi des chaudières capables d'alimenter les nouvelles machines du *Brandon* jusqu'aux 0,50 de la course, quoique uniques dans leur nature, seraient dites respectivement de

$200 \times \frac{0,50}{0,90} = 111^{\text{chev.}},1$	par M. Fawcett, qui dispose ses machines pour $x = 0,90$.
$200 \times \frac{0,50}{0,854} = 117,1$	par l'auteur du mémoire de 1838, pour la régulation $x = 0,854$ du maximum de puissance dans un cylindre donné.
$200 \times \frac{0,50}{0,80} = 125,0$	dans le système $x = 0,80$.
$200 \times \frac{0,50}{0,75} = 133,3$	par tous les fabricants qui feraient $x = 0,75$.

$200 \times \frac{0,50}{0,725} = 139\ ,3$ par Miller et Ravenhill conformément aux machines du *Tancrède*.

$200 = \frac{0,50}{0,70} = 142\ ,9$ par Maudsley d'après les machines de l'*Eurotas*.

Mais la vérité est que, en désignant par

W le volume déplacé par le piston dans une minute de temps,

V le volume de vapeur débité avec une fraction de course d'introduction x,

On a

$$\left.\begin{array}{l} W = \frac{\pi d^2}{4} \times 2cN = 1,57 d^2 cN \\ V = \frac{\pi d^2}{4} \times 2cNx = 1,57 d^2 cNx \end{array}\right\} \quad \ldots \ldots (b),$$

et que, si l'on conserve la formule

$$F = \frac{d^2 cN}{0,59},$$

pour désigner la force nominale d'un appareil, sans rien préjuger sur la force effective, qui dépendra nécessairement aussi de x, on aura, par l'élimination de $d^2 c\, N$,

$$\left.\begin{array}{l} W = 0,926\, F \\ V = 0,926\, Fx = Wx \end{array}\right\} \quad \ldots \ldots (c).$$

En conséquence, si l'on fait F = 160 chevaux, on trouvera W = 148,16 mètres cubes par minute.

Et les différentes chaudières, dites actuellement de 160 chevaux, devront produire les quantités de vapeur V du tableau ci-après.

x	V	$\frac{W}{V} = \frac{1}{x}$	
1,00	148,16	1,00	Ancienne régulation française.
0,90	133,48	1,11	Sphynx.
0,854	126,53	1,17	Papin.
0,80	118,53	1,25	
0,75	111,12	1,33	
0,725	107,42	1,38	Tancrède.
0,700	103,71	1,43	Eurotas.

Faisant ensuite $F = 200$, $x = 0,50$, on aura, pour les nouvelles machines du *Brandon*,

$$\left.\begin{array}{l} W = 185,20 \\ V = 92,60 \end{array}\right\} \frac{W}{V} = 2,00. \quad \ldots \ldots \ldots \quad (d),$$

et pour F = 120, x = 0,707, dans celles du *Castor*,

$$\left.\begin{array}{l} W = 111,12 \\ V = 78,56 \end{array}\right\} \frac{W}{V} = 1,41.$$

CHAPITRE XIII.

DES MEILLEURES PROPORTIONS DES CHAUDIÈRES DANS LE NOUVEL APPAREIL ET DANS LES MACHINES ORDINAIRES.

On vient de voir, au chapitre précédent, que les nouvelles machines débiteront 92,6 mètres cubes de vapeur par minute, à une tension de 12^c,7 en colonne de mercure dans les chaudières.

Mais ce débit sera invariablement le même dans toutes les allures, et, pour être certain d'obtenir une production de 92,6 mètres cubes de vapeur en service habituel, quand les chauffeurs seront quelquefois accablés de fatigue, quand les conduits de flamme seront encombrés de cendres et d'escarbilles, quand il y aura des dépôts dans les chaudières, ou quand enfin le charbon sera de moindre qualité, il est évident que, dans les épreuves de recette, à l'état neuf, et en chauffant à outrance, avec des hommes frais, pourvu qu'ils sachent leur métier, la production de vapeur devra être notablement supérieure.

Les chaudières ordinaires de 160 chevaux du *Papin* et du *Lycurgue* ont donné, à Lorient, pendant les épreuves de recette, un quart en sus de la production normale qui leur était imposée.

Les chaudières du *Castor*, par Maudsley, sont dans le même cas, et, tandis que leur puissance nominale est de 120 chevaux, leur production maximum, à l'état neuf, paraît être de 150 chevaux au moins.

Or ceci a toujours été notre manière de voir à l'égard des chaudières à vapeur en général, et, à supposer même qu'il y ait eu quelque exagération à l'appliquer aux appareils ordinaires de 160, elle n'en devra pas moins être admise comme nécessaire en principe dans les chaudières des nouvelles machines du *Brandon*.

En résumé donc, il faudra que les chaudières du nouvel appareil soient assez largement proportionnées pour que, à l'état neuf, dans les épreuves de recette, avec du charbon ordinaire de bonne qualité et des hommes de profession, en chauffant à outrance, on puisse obtenir une surabondance de vapeur de 20 à 25 pour 100, ou en tout de 110 à 115 mètres cubes par minute.

Or voici les proportions usitées dans les appareils ordinaires, d'après le tableau général de l'ouvrage de M. Campaignac, page 81.

NOMS des bâtiments.	Force nominale des machines.	Fraction de course d'introduction. x	NOMS des fabricants.	QUANTITÉS PAR CHEVAL-VAPEUR.									
				VOLUMES				SURFACES					
				des foyers.	des conduits de flamme.	de l'eau.	de la vapeur.	des foyers.	des conduits de flamme.	totale de chauffe.	des grilles. Pleins et vides.	des grilles. Vides.	Section de la cheminée
Le Castor.....	120	0,707	Maudsley.......	0,0510	0,1843	0,2510	0,1007	0,1925	1,0811	1,2736	0,0540	0,0193	0,0074
L'Eurotas.....	160	0,700	Maudsley........	0,0361	0,1442	0,2054	0,0995	0,1929	0,7318	0,9248	0,0468	0,0161	0,0054
Le Sphinx.....	160	0,900	Fawcett.........	0,0484	0,1773	0,2076	0,1760	0,1924	1,0209	1,2133	0,0611	0,0177	0,0072
Le Tancrède...	160	0,725	Miller et Ravenhill.	0,0545	0,1441	0,1833	0,1615	0,2570	0,8865	1,1435	0,0525	0,0149	0,0058
Le Ténare....	180	(*)	Maudsley........	0,0406	0,1467	0,2147	0,1040	0,1870	0,7532	0,9401	0,0490	0,0144	0,0050
La Medea.....	220	(*)	Maudsley........	0,0465	0,1712	0,2318	0,1126	0,1885	0,8711	1,0596	0,0473	0,0134	0,0050
Le Véloce....	220	0,750	Fawcett	0,0512	0,1430	0,1622	0,1704	0,2350	0,8586	1,0936	0,0650	0,0147	0,0067

(*) Vraisemblablement 0,700.

Et, si l'on veut avoir les mêmes éléments par mètre cube de vapeur débité en une minute, il suffira d'observer que, en désignant par E les nombres absolus, le tableau de M. Campaignac contient les rapports

$$\frac{E}{F} = \frac{0,59\,E}{d^2 c N},$$

tandis qu'il faudra trouver, au contraire, les rapports

$$\frac{E}{V} = \frac{E}{1,57\,d^2 c\, N x} = \frac{E}{F} \times \frac{1}{0,926 x},$$

C'est-à-dire que, pour chaque machine, les nombres du tableau précédent devront être divisés par 0,926 x.

Par ce moyen donc il sera facile de dresser le nouveau tableau ci-après.

NOMS des bâtiments.	Force nominale des machines.	Diviseur. 0,926 x.	NOMS des fabricants.	QUANTITÉS PAR MÈTRE CUBE DE VAPEUR A DÉBITER EN UNE MINUTE.									
				VOLUMES				SURFACES					
				des foyers.	des conduits de flamme.	de l'eau.	de la vapeur.	des foyers.	des conduits de flamme.	totale de chauffe.	des grilles. Pleins et vides.	des grilles. Vides.	Section de la cheminée
Le Castor. . . .	120	0,655	Maudsley.	0,0778	0,2814	0,3832	0,1537	0,2939	1,6506	1,9448	0,0824	0,0295	0,0113
L'Eurotas	160	0,648	Maudsley.	0,0557	0,2225	0,3170	0,1536	0,2977	1,1293	1,4272	0,0722	0,0249	0,0083
Le Sphinx.	160	0,833	Fawcett.	0,0581	0,2129	0,2492	0,2370	0,2310	1,2256	1,4565	0,0733	0,0213	0,0086
Le Tancrède. .	160	0,671	Miller et Ravenhill.	0,0812	0,2147	0,2732	0,2407	0,3830	1,3211	1,7041	0,0782	0,0222	0,0086
Le Ténare. . . .	180	(*)	Maudsley.	0,0627	0,2264	0,3313	0,1605	0,2886	1,1623	1,4508	0,0756	0,0222	0,0077
La Medea. . . .	220	(*)	Maudsley.	0,0718	0,2642	0,3577	0,1738	0,2909	1,3443	1,6346	0,0730	0,0207	0,0077
Le Véloce. . . .	220	0,695	Fawcett	0,0737	0,2058	0,2334	0,2452	0,3381	1,2354	1,5735	0,0935	0,0211	0,0096

(*) Vraisemblablement 0,648, et les calculs sont faits d'après ce chiffre probable.

Dans ce deuxième tableau, il y a principalement lieu de distinguer

1° Les chaudières du *Castor*, par une grande surface de chauffe et de larges sections de tirage;

2° Les chaudières de l'*Eurotas* et du *Sphinx*, par des foyers peu spacieux au-dessus des grilles et par de faibles surfaces de chauffe;

3° Toutes les chaudières de Maudsley, par la petitesse du réservoir à vapeur;

4° Les chaudières de Fawcett, par la petitesse du volume de l'eau contenue.

Il paraît d'ailleurs avéré, d'une part,

Que les chaudières du *Castor* peuvent produire de la vapeur en surabondance;

D'autre part,

Que la petitesse du réservoir à vapeur des chaudières de Maudsley est un défaut sérieux.

Et, par ces motifs principalement, nous voudrions que le programme d'une bonne chaudière à vapeur à basse pression, dans le système anglais, pour un appareil ordinaire, fût rédigé comme il suit :

Par mètre cube de vapeur à débiter en une minute de temps.				
			Mètres cubes.	
Volumes	des foyers au-dessus des grilles de.		0,070	à 0,075
	des conduits de flamme.		0,200	0,250
	de l'eau.		0,250	0,300
	de la vapeur.		0,250	»
			Mètres carrés.	
Surfaces de chauffe	des foyers.		0,30	0,35
	des conduits de flamme.		1,25	1,35
	totale.		1,60	1,70
Surface des grilles.	Pleins et vides.		0,075	0,080
	Vides.		0,020	0,025
Section de la cheminée.			0,0080	0,0090

Le même programme, dressé seulement en vue d'un bon appareil ordinaire, sera-t-il admissible aussi dans les nouvelles machines du *Brandon*, avec la condition d'une surabondance de vapeur de 20 à 25 pour 100 à l'état neuf?

Pour répondre à cette question, il faudrait connaître, par expérience, la puissance évaporatoire maximum de quelques-unes des chaudières citées dans les tableaux de ce chapitre, et c'est ce que nous ne savons pas malheureusement.

Il est cependant un fait certain et bien connu, c'est que, avec l'ancienne régulation française à pleine course d'introduction, en chauffant à outrance, dans les chaudières du *Sphinx*, on ne parvenait pas toujours à maintenir les machines dans leur allure normale; et, comme ces chaudières étaient destinées de fait, par M. Fawcett, à une fraction de course d'introduction de 0,90 au lieu de 1,00 on en doit conclure que leur puissance évaporatoire maximum à l'état neuf excède à peine de $\frac{1}{9}$ leur production normale.

Les chaudières du *Sphinx* ne pourraient donc être choisies comme type de celles du *Brandon* qu'autant que la fraction de course d'introduction dans les machines du *Sphinx* serait de 0,80 au lieu de 0,90; c'est-à-dire, en d'autres termes, qu'il faudrait augmenter de $\frac{1}{8}$ tous les nombres relatifs à ces chaudières dans le deuxième tableau du présent chapitre; en effectuant d'ailleurs cette opération, on a

Par mètre cube de vapeur à débiter en une minute.			
			Mètres cubes.
Volumes.	des foyers.		$0,0581 \times \frac{9}{8} = 0,0654$
	des conduits de flamme.		$0,2129 \times \frac{9}{8} = 0,2395$
	de l'eau.		$0,2492 \times \frac{9}{8} = 0,2803$
	de la vapeur.		$0,2370 \times \frac{9}{8} = 0,2666$
			Mètres carrés.
Surfaces de chauffe	des foyers.		$0,2310 \times \frac{9}{8} = 0,2599$
	des conduits de flamme.		$1,2256 \times \frac{9}{8} = 1,3788$
	totale.		$1,4565 \times \frac{9}{8} = 1,6386$
Surface des grilles.	Pleins et vides.		$0,0733 \times \frac{9}{8} = 0,0825$
	Vides.		$0,0213 \times \frac{9}{8} = 0,0239$
Section de la cheminée.			$0,0086 \times \frac{9}{8} = 0097$

Et sauf la petitesse des foyers, en volume et en superficie, les nombres ainsi calculés, en augmentant les proportions des chaudières du *Sphinx* de $\frac{1}{8}$, rentrent si bien dans le programme ci-dessus posé pour un appareil ordinaire, que nous ne pouvons hésiter à appliquer le même programme aussi au nouvel appareil du *Brandon*.

Or, dans celui-ci, la quantité de vapeur à débiter par minute a été trouvée de 92,6 mètres cubes, et, par suite, en multipliant tous les éléments numériques du programme par 92,6, on aura les proportions absolues des chaudières du nouvel appareil comme il suit.

Pour une quantité constante de 92,6 mètres cubes de vapeur à débiter régulièrement en chaque minute de temps.			
		Mètres cubes.	
Volumes.	des foyers.	de 6,482 à	6,945
	des conduits de flamme.	18,52	23,15
	de l'eau.	23,15	27,78
	de la vapeur.	23,15	»
		Mètres carrés.	
Surfaces de chauffe	des foyers.	27,78	32,41
	des conduits de flamme.	115,75	125,01
	totale.	148,16	157,42
Surfaces des grilles.	Pleins et vides.	6,945	7,408
	Vides.	1,852	2,315
Section de la cheminée.		0,7408	0,8334

CHAPITRE XIV.

DE LA FIXATION DÉFINITIVE DES CHAUDIÈRES DU NOUVEL APPAREIL ET DE LEUR POIDS.

En extrayant de l'ouvrage de M. Campaignac les proportions effectives des chaudières du *Castor*, de l'*Eurotas*, du *Sphinx*, du *Tancrède* et du *Ténare*, pour les mettre en regard des limites qui viennent d'être fixées à la fin du chapitre précédent, pour les chaudières du nouvel appareil, on arrive au nouveau tableau que voici :

NOMS des bâtiments.	VOLUMES				SURFACES					
	des foyers.	des conduits de flamme.	de l'eau.	de la vapeur.	des foyers.	des conduits de flamme.	totale de chauffe.	des grilles. Pleins et vides.	des grilles. Vides.	Section de la cheminée.
Le Castor.......	6,115	22,111	30,118	12,080	23,104	129,728	152,832	6,480	2,310	0,891
L'Eurotas.......	5,780	23,074	32,868	15,924	30,870	117,094	147,964	7,488	2,574	0,863
Le Sphinx.......	7,740	28,372	33,212	28,161	30,790	163,338	194,128	9,776	2,838	1,158
Le Tancrède.....	8,688	23,063	29,322	25,837	41,118	141,841	182,959	8,401	2,377	0,932
Le Ténare.......	7,302	26,398	38,650	18,718	33,660	135,568	169,228	8,818	2,583	0,891
Limites projetées dans les chaudièr.	6,482	18,520	23,150	23,150	27,780	115,750	148,160	6,945	1,945	0,7408
du Brandon.....	6,945	23,150	27,780	23,150	32,410	125,010	157,420	7,408	2,315	0,8334

A l'inspection de ce tableau, on voit

1° Que les chaudières du *Castor* et de l'*Eurotas*, quoique dites de 120 chevaux la première et de 160 chevaux la seconde, doivent être, au fond, à très-peu près d'égale puissance évaporatoire, et qu'elles rempliraient assez bien le but proposé dans le nouvel appareil, si l'on augmentait le réservoir à vapeur de 1 à 2 dans l'une et de 1 à 1,5 dans l'autre; toutefois la masse d'eau en ébullition serait un peu forte et pourrait être réduite, sans inconvénient, de 15 à 20 pour 100;

2° Que les chaudières du *Ténare*, réduites de $\frac{1}{9}$, avec une augmentation de 40 pour 100 dans le réservoir à vapeur et une diminution de 20 à 30 pour 100 dans la masse d'eau en ébullition, rempliraient aussi le même but;

3° Que ce but pourrait encore être atteint en réduisant les chaudières du *Sphinx* de $\frac{1}{5}$ et celles du *Tancrède* de $\frac{1}{7}$, sans autre changement notable.

Et, à défaut d'aucune autre donnée pratique à ce sujet, nous ferons des observations qui viennent d'être énoncées l'objet des conclusions mêmes du présent chapitre, en proposant de trois choses l'une :

1° Ou d'exécuter les chaudières de l'*Eurotas* avec agrandissement du réservoir à vapeur de 50 pour 100 en volume, et une réduction de 15 à 20 pour 100, s'il est possible, dans la masse d'eau en ébullition;

2° Ou d'exécuter les chaudières du *Sphinx* en conservant la même épaisseur aux lames d'eau et en multipliant toutes les autres dimensions linéaires par la fraction décimale 0,90, qui est à fort peu près la racine carrée de $\frac{4}{5}$;

3° Ou enfin d'exécuter les chaudières du *Tancrède* en conservant aussi la même épaisseur aux lames d'eau et multipliant toutes les autres dimensions linéaires par la fraction décimale 0,93, qui est à fort peu près la racine carrée de $\frac{6}{7}$.

Dans tous les conduits de flamme, nous voudrions les tôles les plus minces qu'il soit d'usage d'y employer, et, intérieurement, nous voudrions aussi un système de tirants assez efficace pour qu'on eût la facilité de charger les soupapes de sûreté, sans inconvénient, jusqu'à raison de 30 centimètres en colonne de mercure, ainsi que cela se pouvait dans les chaudières du *Papin* et du *Lycurgue*, durant les épreuves de recette à Lorient.

Les chaudières du *Sphinx*, réduites comme il vient d'être proposé, pèseraient 46 tonneaux vides et 73 tonneaux pleins, au lieu de 57 et 90; c'est la seule donnée que nous ayons pour estimer le poids des chaudières du *Brandon*, et, à ce compte, l'appareil entier pèserait

$$120 + 46 = 166 \text{ tonneaux,}$$

ou

$$120 + 73 = 193,$$

Suivant que les chaudières seraient vides ou pleines.

Le tout concorderait parfaitement, d'une part, avec le rapport du 7 décembre 1836, dans lequel il était déjà proposé de réduire la consommation de combustible et implicitement les chaudières mêmes du *Sphinx* de $\frac{1}{5}$, et, d'autre part, avec les calculs du mémoire de 1838, où le poids entier de l'appareil sans eau figure par le nombre 166,88.

Du reste, en accordant même quelque augmentation imprévue, nous serons fondé à soutenir que, avec une exécution soignée, le poids total, en y comprenant l'eau des chaudières, ne devra jamais atteindre le nombre 200, qui a cependant été dépassé plus d'une fois par les appareils du *Sphinx*, construits en France.

CHAPITRE XV.

DE LA NÉCESSITÉ DE CONCEVOIR L'UNITÉ MÉCANIQUE DITE CHEVAL-VAPEUR DANS SA VRAIE SIGNIFICATION, ET DE RÉFORMER LA LOCUTION USUELLE PAR LAQUELLE ON DÉSIGNE LA FORCE DES MACHINES ET LA PUISSANCE ÉVAPORATOIRE DES CHAUDIÈRES ENSEMBLE PAR UN CERTAIN NOMBRE DE CHEVAUX-VAPEUR, SANS MENTIONNER LA FRACTION DE COURSE D'INTRODUCTION.

Ce titre est un peu long, mais le sujet est important, et, comme la réforme doit être radicale, il importe d'être clair avant tout.

Le fait est que, dans une machine à vapeur, il y a trois choses essentiellement différentes, qui sont actuellement confondues dans une même dénomination et mesurées dans leurs grandeurs par un même nombre; ce sont

1° Le volume déplacé par les pistons,
2° Le volume de vapeur débité,
3° La force motrice produite,
} dans une certaine unité de temps, par exemple, une minute.

De ces trois quantités, la première peut être fixée arbitrairement; la seconde peut aussi être fixée arbitrairement, pourvu qu'elle soit inférieure à la première; mais, dans le même système de machines, à égale tension dans les chaudières, et avec une loi donnée quelconque dans les vitesses des pistons, comme dans les proportions des orifices ou passages de la vapeur, la troisième quantité sera toujours une conséquence nécessaire des deux premières.

La formule connue

$$F = \frac{d^2cN}{3001,2} \text{ en mesures anglaises,}$$

ou

$$F = \frac{d^2cN}{0,5901} \text{ en mesures métriques,}$$

ne mesure véritablement que le volume déplacé par le piston à vapeur dans une certaine unité de temps, et, lorsque autrefois, sans doute, la fraction de course était égale partout, la même formule devenait aussi la mesure proportionnelle du volume de vapeur débité ou de la puissance évaporatoire des chaudières.

Par des considérations mécaniques enfin, très-fondées en principe, on arriverait à prendre la mesure usuelle de la force motrice proportionnellement à la quantité $d^2\,c$ N; et, comme c'était là la chose la plus importante, le but même de toute la machine, on s'est avisé de prendre la formule citée pour la mesure conventionnelle de la force produite.

Cela était fort bien en somme dans l'origine; mais, aujourd'hui que les fabricants anglais ont eux-mêmes renoncé à la fixité du mode de régulation, et que, sous la même dénomination nominale, de 160 chevaux par exemple, ils construisent des chaudières dont les puissances évaporatoires diffèrent de 103,71 à 133,48 mètres cubes par minute, suivant que l'on s'adressera à Maudsley ou à Fawcett, ou que, inversement, les chaudières du nouvel appareil projeté du *Brandon*, de 92,6 mètres de vapeur par minute, seraient dites de 111 chevaux à 143 chevaux par les mêmes fabricants, sinon même de 200 chevaux et plus par quelques autres, il est évident qu'on tomberait bientôt dans une confusion inextricable et dans des erreurs matérielles assez fréquentes, si l'on ne s'avisait enfin de réformer le langage et de le relever au niveau des idées qu'il doit représenter.

La confusion, au point de vue de la puissance évaporatoire des chaudières, a déjà été développée au chapitre XII, mais il n'y a pas été question de la force motrice effective, qui doit varier nécessairement aussi avec la fraction de course d'introduction x et ne pas être toujours conforme à l'expression

$$F = \frac{d^2cN}{0,59},$$

quand cette fraction x variera de 0,70 à 0,90.

Or, d'après les calculs du mémoire de 1838, dont le chapitre II de ce rapport offre une analyse succincte, la force motrice effective serait respectivement les

$$0,97 \text{ pour } x = 0,90$$

et les

$$0,95 \text{ pour } x = 0,70$$

du maximum absolu dans un cylindre donné, lequel maximum absolu, pris pour unité, correspondrait à $x = 0,854$.

Ainsi donc, les machines de l'*Eurotas*, dont l'apparente légèreté ne tient principalement qu'à la réduction simultanée du volume des cylindres et de la fraction de course x, comme on l'a vu au chapitre VI, sans parler de certains détails par trop resserrés et peu satisfaisants, par cette raison-là seulement, ces machines si légères, disons-nous, ne seraient pas non plus d'une force de 160 chevaux, mais de $160 \times 0,95 = 152$ chevaux seulement; ou inversement, si les machines de l'*Eurotas* étaient réputées de 160 chevaux, celles du *Brandon* seraient de $\frac{160}{0,95} = 168^{ch},42$.

Cependant, à une différence maximum de 5 pour 100 près, on voit qu'il a pu être permis, jusqu'à présent, d'admettre les machines anglaises au taux de leur force nominale d'après la formule

$$F = \frac{d^2cN}{0,59},$$

sans mentionner la fraction de course d'introduction x, et que cette omission n'entraînait de perturbation notable que dans le calcul des chaudières, comme on l'a vu au chapitre XII.

Mais il n'en sera plus ainsi dès qu'on franchira largement les limites des fabricants anglais jusqu'à $x = 0{,}50$, par exemple, comme dans les machines proposées du *Brandon*.

Ces nouvelles machines pourront-elles être dites de 200 chevaux, quoique ce soit là leur force nominale? Évidemment non, puisque la quantité de vapeur sera considérablement réduite, et que, d'ailleurs, la vitesse du bateau ne tarderait pas à démentir une pareille assertion.

Pourront-elles être dites de 111, de 117, de 120, de 143 chevaux, nombres essentiellement différents et par lesquels les différents fabricants, depuis Fawcett jusqu'à Maudsley, ne manqueraient pas de désigner la puissance évaporatoire des chaudières, quoique celles-ci soient uniques dans leur espèce et destinées à produire une quantité fixe de 92,6 mètres cubes de vapeur par minute à la tension ordinaire.

Évidemment cette nouvelle assertion, à part même ce qu'elle a d'indéterminé depuis 111 jusqu'à 143, serait tout aussi inadmissible que la précédente, puisqu'on ne tiendrait pas entièrement compte du bénéfice de la détente et que la vitesse du bateau ne tarderait pas non plus à en donner le démenti.

Ces nouvelles machines seront-elles enfin d'une force effective de 160 chevaux ou de $168^{ch.}42$, proportionnellement à celles de l'*Eurotas?* Mais cette troisième assertion serait également indéterminée au fond et basée seulement sur des recherches particulières dont l'exactitude paraît être révoquée en doute par tout le monde.

Comment donc sortir d'embarras?

D'une manière bien simple et rationnellement satisfaisante suivant nous.

Nous avons toujours pensé que l'on avait tort de désigner les machines à vapeur, dans les relations ordinaires de la vie, par leur prétendue force en chevaux-vapeur, et par des nombres dont l'exactitude ne pouvait être vérifiée que bien rarement.

Que l'on devrait, au contraire, ne désigner chaque appareil que par la masse de vapeur débitée en une minute de temps, dans quelque système que ce soit, à basse ou à haute pression indistinctement, en y joignant toutefois, comme renseignements nécessaires, la tension dans les chaudières et la fraction de course d'introduction.

Avec de telles données, il n'y aurait jamais d'indétermination ni dans la grandeur de la chaudière, ni dans le volume à déplacer par le piston, et l'on déterminerait immédiatement d'abord la vitesse de l'appareil dans son allure normale, comme par la formule usitée $F = \frac{d^2cN}{0,59}$, qui n'a véritablement que cet unique objet dans les machines anglaises à basse pression, avec l'inconvénient de confondre l'unité mécanique, dite cheval-vapeur, avec un simple volume, et de donner des idées fausses à la fois sur la grandeur de la chaudière et sur la force motrice produite.

Par la nouvelle méthode, au contraire, le calcul et le raisonnement ne porteraient jamais que sur des qualités géométriquement vraies et réelles, et, quand les orifices ou passages de vapeur seraient convenablement proportionnés, on aurait, de plus, cet immense avantage, qu'en divisant, d'une part, la masse de vapeur débitée par le combustible brûlé, et, d'autre part, la force motrice effectivement produite par la masse de vapeur débitée, le premier rapport serait la mesure exacte de la bonté ou du degré de perfection des chaudières, tandis que le second rapport serait la mesure exacte de la bonté ou du degré de perfection des machines proprement dites ou du mécanisme.

Il appartiendrait d'ailleurs aux ingénieurs-mécaniciens, et à eux seulement, d'apprécier la force motrice effective d'une machine à vapeur, d'après telles règles exactes ou empiriques que les circonstances leur permettraient d'appliquer, et de mettre le public en possession de certaines tables de force convenablement dressées pour chaque système de machines.

En appliquant ces généralités aux machines à basse pression, avec une tension fixe de 12c,7 en colonne de mercure dans les chaudières, suivant l'usage général en Angleterre, il suffira que l'on cite, dans chaque appareil, d'abord le volume de vapeur débité et ensuite la fraction de course d'introduction x ou le rapport de la détente $\frac{1}{x}$, comme on voudra.

Ainsi le nouvel appareil du *Brandon* sera pour nous de 92,6 mètres cubes de vapeur par minute, avec introduction dans les cylindres jusqu'aux 0,50 de la course, ou avec détente de 1 à 2, comme on voudra.

Nous présumons d'ailleurs que la force motrice sera la même que dans un appareil ordinaire de 160 chevaux, où l'on aurait $x = 0,854$ en débitant 126,53 mètres cubes de vapeur par minute, comme dans le *Papin*, ou bien que cette force motrice sera les $\frac{100}{95}$ de celle des machines de l'*Eurotas*, où l'on a $x = 0,70$ en débitant 103,71 mètres cubes par minute; et, jusqu'à ce que l'expérience ou de nouvelles conventions en aient décidé autrement, nous regarderons la force effective des machines du *Brandon*, dans l'allure normale de l'appareil, comme étant de 160 chevaux.

Les conversions numériques des nombres de chevaux-vapeur en mètres cubes par minute, dont il s'agit ici, n'offriront d'ailleurs aucune difficulté par le moyen des formules (*a*) et (*c*) des chapitres V et XII :

$$F = \frac{d^2cN}{0,59},$$
$$W = 0,926\,F,$$
$$V = Wx = 0,926\,Fx,$$

dont les deux premières désignent, au fond, la même chose, à savoir : le volume déplacé par le piston dans de certaines unités de temps, mais la première sous la fausse dénomination de chevaux-vapeur, sans qu'il puisse y être question de la force effective.

Si l'on désigne celle-ci par F′, on aura sans doute aussi

$$F' = \frac{d^2cN}{K}.$$

Mais le coefficient K sera une certaine fonction de x et des largeurs des orifices ou passages de vapeur, dont les ingénieurs auront à dresser de certaines tables numériques qui puissent être invoquées par le public.

On aura ainsi généralement

$$\frac{F'}{F} = \frac{0,59}{K},$$

et si, dans le système actuel des machines anglaises dites de 160 chevaux, on convient de faire $F' = 160$, lorsqu'on aura particulièrement $x = 0,854$, il suffira de recourir au tableau final du 3e chapitre du mémoire de 1838, relaté au chapitre II du présent rapport (*), et de prendre les différentes valeurs de y de ce tableau pour les grandeurs cherchées correspondantes du rapport $\frac{0,59}{K}$.

A ce point de vue, les appareils marins actuels, les plus connus, devront être classés et caractérisés par les nombres V et x, d'après le tableau ci-après.

(*) Page 8.

NOMS DES BATIMENTS.	Quantités caractéristiques, ou éléments distinctifs des machines.		Conséquences immédiates.			Le volume et le poids des machines considérée, comme semblables dans leur exécution, d'après la quantité $d^2c = \frac{0,59F}{N}$	OBSERVATIONS.
	Le volume de vapeur débité par minute V.	La fraction de course d'introduction x.	Le volum. déplacé par les pistons. En mètres cubes par minute. $W = \frac{V}{x}$	Le volum. déplacé par les pistons. En chev.-vapeur ou force nominale. $F = \frac{V}{0,926\,x}$	Force effective présumée. F'.		
	m. cub.	unités.	m. c.	chevaux	chevaux	m. c.	
L'Erèbe	41,95	0,755	55,56	60	58,38	0,609	
Le Marseillais	55,93	0,725	74,08	80	76,88	0,891	
Le Castor	78,56	0,707	111,12	120	114,36	»	
Le *Brandon*	92,6	0,500	180,52	200	160,00	2,744	
L'Eurotas	103,7	0,700	148,16	160	152,00	2,045	
Le Tancrède	107,4	0,725	148,16	160	153,76	2,079	
Le Ténare	116,7	0,700(*)	166,68	180	171,00	»	
Le Lycurgue	122,1	0,824	148,16	160	159,15	2,091	
Le Papin	126,5	0,854	148,16	160	160,00	2,325	
Le Sphinx	133,5	0,900	148,16	160	155,20	2,159	
La Medea	142,6	0,700(*)	203,72	220	209,00	3,028	
Un paquebot-poste de la Méditerranée	147,7	0,725	203,72	220	211,42	3,067	
Le Véloce	152,8	0,750	203,72	220	213,62	3,285	
Les Transatlantiques	375,0	0,900	416,70	450	436,50	8,493	

(*) Valeurs présumées.

Cette réforme dans le langage usuel, déjà nécessaire actuellement, deviendra indispensable à nos yeux par la mise à exécution du nouvel appareil du *Brandon*, et, si elle était admise, on opérerait à l'avenir comme il suit :

Les quantités V et x étant données comme les deux variables indépendantes du problème, le nombre V serait la mesure immédiate de la puissance évaporatoire de la chaudière et, par conséquent, de la grandeur de celle-ci;

Le nombre x fixerait le mode de régulation.

On aurait ensuite

$$W = \frac{V}{x} \quad \ldots\ldots\ldots\ldots \quad (e),$$

pour le volume à déplacer, par les deux pistons, en mètres cubes par minute, dans l'allure normale.

La quantité F ou la force nominale serait inutile au fond, comme faisant double emploi avec W; cependant il faudrait conserver cette quantité comme renseignement ou comme terme de comparaison avec les machines ordinaires, et l'on aurait

$$F = \frac{W}{0,926} = \frac{V}{0,926x} \quad \ldots \ldots \ldots \quad (f).$$

On poserait ensuite

$$d^2c\,N = \frac{W}{1,57} = \frac{V}{1,57x} \quad \ldots \ldots \ldots \quad (g),$$

en remplacement de la formule usitée

$$d^2c\,N = 0,59\,F,$$

qui, du reste, ne différera pas de la précédente quand on y substituera l'expression de F.

Pour la force motrice effective F' enfin, on poserait

$$F' = \frac{d^2c\,N}{K} = \frac{0,59}{K}\,F = \frac{W}{1,57K} = \frac{V}{1,57\,Kx} \quad \ldots \quad (h),$$

et l'on chercherait l'un des coefficients

$$\frac{1}{K},\ \frac{0,59}{K},\ \frac{1}{1,57K},\ \frac{1}{1,57\,Kx}$$

dans une table numérique qui aurait été dressée avec l'assentiment des mécaniciens les plus renommés.

Mais, dans la confection d'une pareille table, le plus simple évidemment serait de poser immédiatement

$$F' = k'V \quad \ldots \ldots \ldots \quad (i),$$

et de mettre le public en possession seulement du coefficient k' pour chacune des valeurs de x que l'on pourrait choisir arbitrairement, en supposant d'ailleurs les orifices et passages de vapeur convenablement proportionnés.

De cette manière, le coefficient k' serait justement la mesure du degré de perfection du mécanisme, abstraction faite du volume et du poids des machines, et en supposant aussi d'un autre côté

$$Q = k''V \quad \ldots \ldots \ldots \ldots \quad (k).$$

Pour la quantité de combustible Q brûlée dans l'unité de temps, on aurait le nombre $\frac{1}{k''}$ comme mesure exacte du degré de perfection des chaudières, abstraction faite aussi de leur volume ou poids.

Enfin le rapport

$$\frac{F'}{Q} = \frac{K'}{k''} = K' \times \left(\frac{1}{k''}\right). \quad . \quad . \quad . \quad . \quad . \quad . \qquad (l)$$

serait la mesure exacte du degré de perfection de l'appareil entier.

Pour appliquer ces mêmes idées aux machines à haute pression, il suffirait de remplacer le volume V par la masse ou le poids de la vapeur débitée, et, par l'usage universel de la méthode ainsi proposée, le public ne tarderait certainement pas à être fixé, en toute connaissance de cause, sur le mérite vrai des différents systèmes de machines en usage.

Ainsi, par exemple, s'il était bien constaté, aux yeux de tous, que la vitesse de l'*Eurotas* est sensiblement la même que celle du *Sphinx*, on en conclurait à l'instant que les machines de Maudsley sont très-supérieures à celles de Fawcett, puisqu'elles consomment 103,7 mètres cubes de vapeur seulement par minute, au lieu de 133,5 ; et nous avons l'intime conviction que, si la réforme actuellement proposée avait été en usage depuis dix ans, tous les perfectionnements dont nous réclamons l'essai depuis 1836 eussent déjà été réalisés par le cours naturel des choses, et sans aucune impulsion spéciale; telle est du moins notre opinion sur l'influence d'un langage convenablement approprié aux idées qu'il doit représenter.

On profiterait d'ailleurs de l'occasion de cette réforme, pour avoir une unité mécanique ou de travail, conforme au système métrique en France, au lieu du cheval-vapeur anglais dont la valeur effective est encore inconnue jusqu'à ce jour dans les puissantes machines de la navigation maritime, ce qui restreint les applications du calcul aux seules relations comparatives, c'est-à-dire aux seules relations dans lesquelles la valeur absolue de l'unité dite *cheval-vapeur* s'efface comme commun diviseur.

CHAPITRE XVI.

DES ROUES A AUBES ET DES ORGANES LOCOMOTEURS DES BATEAUX A VAPEUR EN GÉNÉRAL.

Au chapitre IV, n° 1, il a été fait mention d'un article à venir sur les roues à aubes, mais l'ordre et l'importance des matières n'ont pas permis d'en parler jusqu'ici.

Notre intention n'est même pas d'initier le lecteur dans toutes les recherches que nous avons eu occasion de faire sur cet important sujet; nous voulons seulement relater ici quelques points capitaux, sans trop insister sur les raisonnements démonstratifs qui nous mèneraient trop loin.

Or donc, nous soutenons depuis longtemps, et nous démontrerions au besoin,

1° Que dans tout organe locomoteur d'un bateau à vapeur, et, par conséquent, dans les roues à aubes, soit fixes, soit mobiles, comme dans le propeller en forme de vis d'Archimède, on doit considérer, en première ligne, la section de la veine d'eau atteinte, et en seconde ligne la manière dont l'eau est saisie et lancée en arrière;

2° Qu'en désignant par

V la vitesse d'un bateau à vapeur,

M la masse d'eau lancée en arrière en une seconde de temps,

U la composante horizontale de la vitesse du centre de gravité de la masse M à la sortie, en sens contraire de la vitesse V du bateau,

P la résistance du bateau, on a toujours

$$P = M\,(U - V);$$

Qu'ainsi, à vitesse égale V d'un même bateau, la quantité M (U—V) aura toujours une certaine valeur déterminée en fonction de V, quelque organe qu'on veuille employer;

3° Qu'en désignant par T le travail moteur à dépenser par la machine, on aura toujours

$$\begin{aligned} T &= PV + \frac{M\,(U-V)^2}{2} + A \\ &= PV + \frac{P\,(U-V)}{2} + A \\ &= PV + \frac{1}{2}\,\frac{P^2}{M} + A, \end{aligned}$$

le terme PV mesurant à lui seul l'effet utile;

Le terme

$$\frac{M(U-V)^2}{2}=\frac{P(U-V)}{2}=\frac{1}{2}\frac{P^2}{M},$$

Une perte de force vive ou de travail, commune à tous les organes locomoteurs des bateaux à vapeur sans distinction, et qui sera justement en raison inverse de la masse d'eau saisie;

Le terme A enfin une nouvelle perte, spécialement inhérente à chaque organe locomoteur en particulier, et sur laquelle seule pourront porter les perfectionnements de ces organes, ou leurs différences entre eux; la quantité A se composant en effet

1° De la force vive du centre de gravité de la masse M perpendiculairement à la vitesse V du bateau, ou à U;

2° De la somme des forces vives de toutes les particules de la masse M, relativement au centre de gravité de cette masse, à la sortie de la roue;

3° Du travail perdu par le frottement des particules d'eau les unes contre les autres et contre les parois de l'organe;

Qu'ainsi la perfection relative d'un organe locomoteur de bateau à vapeur consistera dans le minimum de la quantité A, par rappport à une masse donnée M; mais que la perfection absolue ne s'obtiendra que par le minimum de la somme :

$$\frac{1}{1}\frac{P^2}{M}+A,$$

en faisant varier M;

4° Que si l'organe locomoteur était une surface rigide, mue parallèlement à elle-même avec une vitesse U′ en sens contraire de la vitesse V du bateau;

Que, de plus, la veine d'eau affluente et saisie pût être considérée comme un mince filet, projeté contre la surface, avec une vitesse relative U′—V,

Ce filet alors s'épanouirait sur la surface, et s'y réfléchirait en glissant latéralement avec une vitesse constante U′—V, pourvu que le frottement fût nul;

Que la surface pourrait être évidée en forme de poche, de manière à faire rejaillir ce filet en arrière avec la vitesse de glissement constante U′—V, sous tel angle α qu'on voudrait;

Qu'alors on aurait manifestement, pour vitesse directe,

$$U=U'+(U'-V)\cos.\alpha,$$

et, pour vitesse latérale,

$$(U'-V)\sin.\alpha;$$

Qu'ainsi on aurait généralement

$$U' = \frac{U + V \cos. \alpha}{1 + \cos. \alpha},$$

c'est-à-dire $U' = \frac{U + V}{2}$ pour $\alpha = 0$, auquel cas l'eau rejaillirait en arrière, comme dans le choc des corps dits parfaitement élastiques;

Et $U' = U$ pour $\alpha = \frac{\pi}{2}$, auquel cas l'eau rejaillirait latéralement, et aurait le même effet dans le sens direct que dans le choc des corps dits non élastiques;

Qu'enfin, soit avec une seule poche de cette espèce, soit avec plusieurs poches employées simultanément, pourvu que M fût la masse totale lancée en chaque seconde de temps, on aurait justement

$$A = \frac{M(U' - V)^2 \sin.^2 \alpha}{2} = \frac{M(U - V)^2}{2} \frac{\sin.^2 \alpha}{(1 + \cos. \alpha)^2}$$
$$= \frac{P(U - V)}{2} \frac{\sin.^2 \alpha}{(1 + \cos. \alpha)^2}$$
$$= \frac{1}{2} \frac{P^2}{M} \frac{\sin.^2 \alpha}{(1 + \cos. \alpha)^2},$$

c'est-à-dire

d'une part $A = 0$ et $T = PV + \frac{P(U - V)}{2}$ pour $\alpha = 0$,

comme s'il y avait parfaite élasticité, dans l'acception vulgaire du mot;

d'autre part $A = \frac{P(U - V)}{2}$ et $T = PV + P(U - V)$ pour $\alpha = \frac{\pi}{2}$;

comme s'il y avait absence complète d'élasticité;

5° Que ce dernier cas arriverait nécessairement dans un système de pales perpendiculaires à la vitesse V du bateau et également espacées en forme de chapelet, soit avec un simple filet affluent, soit dans une masse d'eau indéfinie;

Que, dans une masse d'eau ambiante indéfinie, le résultat serait toujours le même, de quelque manière qu'on voulût évider les pales en forme de poches, pourvu que l'eau fût lancée directement en arrière; car autrement le terme A augmenterait encore par la force vive latérale du centre de gravité de la masse M;

Qu'ainsi la perte de travail ou de force vive serait doublée, non pas parce qu'il y aurait choc contre une surface non élastique dans le sens vulgaire et fautif, mais parce que les vitesses réfléchies par cette surface seraient obligatoirement ou des vitesses rejaillissantes latérales, ou des vitesses de tournoiements impropres à l'effet utile, et qui ne tarderaient même pas à s'éteindre par le frottement des particules liquides les unes contre les autres ou contre les parois de l'organe;

6° Que ce qui vient d'être dit d'un chapelet à pales verticales est aussi la solution rationnelle d'une roue à aubes fixes, dont le centre serait placé infiniment haut au-dessus du plan de niveau de l'eau;

Mais qu'avec une hauteur finie de l'axe de rotation, à cause de l'obliquité des pales à l'entrée et à la sortie, il y aura une plus grande somme de forces vives de tournoiements, par l'action évidente des pressions composantes verticales de la veine d'eau atteinte, et que sans doute aussi les pressions verticales à l'entrée contribueront encore à faire diminuer la masse d'eau saisie M;

7° Que dans une roue à aubes mobiles, toujours verticales, avec le centre de rotation à une hauteur finie quelconque, ces pressions nuisibles n'existent pas, et que, sous ce point de vue spécial, la quantité A pourrait être égale sans doute au terme

$$\frac{M(U-V)^2}{2} = \frac{P(U-V)}{2},$$

peut-être même un peu moindre, en ce que les vitesses des particules d'eau auront augmenté plus graduellement à partir du point d'entrée des pales;

Mais que la loi purement géométrique du mouvement de l'eau à la sortie de la roue est telle, que les vitesses horizontales u vont nécessairement en diminuant depuis le fond de la veine jusqu'à la surface;

Qu'au fond de la veine, l'eau sort avec la vitesse U de la circonférence de cercle qui porte les pales, et qu'en allant vers la surface, la variation est comme le cosinus de l'obliquité du rayon qui porte la pale sortante;

Qu'ainsi il suffirait que le cercle de roulement fût à fleur d'eau, pour que la différence $u - V$ fût nulle, et que cette différence pourrait même être négative, si le cercle de roulement était immergé;

Que, par conséquent, la vitesse U du centre de gravité de la masse M à la sortie sera nécessairement inférieure à la vitesse U_1 de la circonférence tournante, ou plutôt, comme la vitesse moyenne U sera donnée invariablement par la condition

$$P = M(U - V),$$

Il convient de dire inversement que la vitesse U_1 de la circonférence tournante sera nécessairement supérieure à U;

Que, surtout, de l'inégalité des vitesses absolues u par rapport à leur résultante moyenne U, proviendront des forces vives relatives

$$\frac{\int m(u-U)^2}{2},$$

et la somme
$$\Sigma \frac{\delta m (u - U)^2}{2},$$

qui augmentera directement la quantité A, et aura une influence de même ordre que l'obliquité des pales d'une roue ordinaire à l'entrée et à la sortie;

8° Que dans une roue à aubes fixes, au contraire, si l'on nomme U_2 la vitesse de la roue au bord extérieur des pales, et v la vitesse de glissement d'une particule d'eau sortante sur une pale, on aura nécessairement

$$u = \sqrt{U_2^2 + v^2},$$

C'est-à-dire que les vitesses absolues u, à la sortie, seront toutes supérieure à U_2;

Qu'à la vérité, ces vitesses absolues seront dirigées obliquement en général de bas en haut vers la surface de la veine; qu'elles pourront donner ainsi une certaine composante verticale, appréciable peut-être dans la force vive latérale du centre de gravité de la masse M à la sortie de la roue, ce qui augmentera la quantité A;

Mais que les vitesses composantes horizontales u^1 sont nécessairement égales à U_2 au fond de la roue, et qu'à partir de ce point vers la surface, les vitesses u^1 ne pourront jamais diminuer aussi rapidement que dans la roue à pales verticales; qu'elles pourraient même aller en augmentant, et enfin rester égales à U_2, suivant que l'obliquité des vitesses absolues u avec l'horizon, serait plus petite ou égale à la moitié de l'obliquité de la tangente au bord intérieur de la roue;

Qu'ainsi la vitesse horizontale moyenne U du centre de gravité de la masse M, à la sortie, différera beaucoup moins de U_2, et que l'on pourrait avoir même $U_2 = U$, ou $U_2 < U$, tandis que l'on aurait $U_1 > U$;

Que, surtout, de la moindre inégalité des vitesses composantes u^1 par rapport à leur résulante moyenne U, proviendront de moindres forces vives relatives

$$\frac{\delta m (u^1 - U)^2}{2},$$

et que la somme

$$\Sigma \frac{\delta m (u^1 - U)^2}{2}$$

sera nécessairement moindre que le terme correspondant

$$\Sigma \frac{\delta m (u - U)^2}{2}$$

dans la roue précédente, si même il n'est pas possible quelquefois que l'on ait

$$\Sigma \frac{\delta m \, (u^1 - U)^2}{2} = 0;$$

9° Qu'en résumé, donc, l'avantage bien évident des roues à pales mobiles verticales, de ne pas presser obliquement sur l'eau, est, par la nature même des choses, accompagné de l'inconvénient d'une plus grande inégalité dans les vitesses horizontales à la sortie, inconvénient de même ordre que l'action oblique des pales dans une roue ordinaire;

Ou, inversement, que l'inconvénient bien certain des roues à pales fixes, de presser obliquement sur l'eau, est, par la nature même des choses, accompagné de l'avantage d'une moindre inégalité dans les vitesses horizontales à la sortie;

Que la supériorité de la première roue sur la seconde convenablement proportionnée est ainsi fort loin d'être évidente, et peut même être révoquée en doute;

Que, si une roue à pales mobiles n'a pas un avantage considérable sur une roue à pales fixes, elle doit être rejetée, à cause des inconvénients particuliers du mécanisme;

Qu'enfin, donc, la roue à pales mobiles verticales ne saurait avoir de grandes chances de succès dans l'allure normale en eau calme;

10° Qu'une roue à pales mobiles verticales serait sans aucun doute préférable à une roue ordinaire à pales fixes dans une mer très-houleuse;

Mais qu'il vaudrait mieux encore faire mouvoir les pales tangentiellement à leurs trajectoires cycloïdales, et tangentiellement à celles de ces trajectoires seulement, qui seraient effectivement décrites dans le mauvais temps; c'est-à-dire quand les roues tourneraient lentement, et que la vitesse du bateau serait proportionnellement encore moindre, ce qui entraînerait une grande diminution dans le diamètre du cercle de roulement, et rendrait les pales presque perpendiculaires aux rayons de la roue, dans la moitié supérieure au moins de la circonférence;

Que, toutefois, ce principe ne saurait être suivi dans l'épaisseur de la veine d'eau affluente, sans annuler l'action de la roue;

Que ce serait certainement une bonne disposition que de faire marcher les pales verticalement toujours, depuis la tangente horizontale au cercle de roulement jusqu'au point le plus bas de la roue;

Mais qu'à l'arrière, dans la sortie, il faudrait bien se garder de leur imprimer le même mouvement qu'à l'entrée, sous peine de voir renaître les inconvénients signalés tout à l'heure;

Qu'il faudrait, au contraire, viser à un certain moyen terme entre des vitesses horizontales très-inégales à la sortie, produites par la verticalité des pales, et des vitesses horizontales beaucoup moins différentes les unes des autres, avec une légère obliquité comme dans les roues à pales fixes;

Qu'en laissant les pales fixement sur leurs rayons, depuis le point le plus bas de la roue jusqu'à la complète sortie de la veine d'eau atteinte, on ne serait peut-être pas fort loin de la solution la plus convenable;

Que bien certainement, de cette manière, on conserverait l'avantage des roues ordinaires à la sortie, en supprimant l'inconvénient des pressions verticales à l'entrée, là justement où ces pressions verticales sont les plus considérables, sans compter encore que la masse d'eau saisie M augmenterait probablement (le tout en agissant sur une veine d'eau affluente d'égale section, bien entendu);

11° Que ce principe fondamental des roues à pales mobiles n'a été suivi dans aucun des systèmes actuellement usités, et que souvent encore on a réduit la section de la veine d'eau atteinte;

Que l'on a oublié surtout l'inégalité $U_1 > U$ et la presque égalité $U_2 = U$; c'est-à-dire qu'à diamètre égal, les roues à pales mobiles doivent tourner plus vite que les roues ordinaires à pales fixes, et exigent, par conséquent, des cylindres moins spacieux et des machines moins pesantes, ce qui est un avantage considérable sans doute;

Mais que, par cet oubli, en conservant les mêmes machines, on a eu des cylindres trop spacieux pour l'allure normale en eau calme, et, par conséquent, des machines expressément appropriées au mauvais temps, comme le seront celles du *Brandon*, indépendamment de la nature des pales;

Que, par conséquent, les succès constatés dans le mauvais temps tenaient en partie à la disproportion des cylindres, et non entièrement à la mobilité des pales;

12° Que des pales très-hautes sont toujours nuisibles, en ce qu'elles gênent le mouvement de l'eau dans l'intérieur de la roue, et surtout le dégagement à la sortie;

Que dans la roue à pales mobiles verticales, par exemple, avec des pales hautes jusqu'à fleur d'eau, au passage d'une de ces pales sous le centre, toutes les particules d'eau adjacentes ont nécessairement des vitesses horizontales égales à U_1, et que ces vitesses égales auront été acquises d'une manière assez graduelle, ce qui serait la perfection même, si, à cet instant, la pale pouvait être anéantie; mais que, dans le mouvement ultérieur de la pale à la sortie, les vitesses acquises U_1 des particules d'eau seront nécessairement diminuées, et qu'ainsi dans le passage à travers la roue il y aura des agitations ou tournoiements qui n'auraient point lieu avec des pales moins hautes et plus rapprochées;

Qu'avec des pales peu hautes et suffisamment rapprochées, aucun filet de la veine affluente ne saurait traverser la roue sans être atteint une première fois à l'entrée et une seconde fois à la sortie, de manière à prendre une vitesse propre au système de la roue, ce qui est le seul but à atteindre;

Qu'en résumé, donc, un degré évident de perfection serait d'avoir des pales parfaitement lisses, sans épaisseur, très-peu hautes et très-rapprochées;

Mais qu'en réalité des pales épaisses, trop rapprochées, pourraient gêner le mouvement de l'eau à son entrée dans la roue, et produire une diminution dans la masse d'eau saisie M; que, par conséquent, il y aura là aussi un certain milieu à trouver par expérience;

13° Que l'augmentation en nombre et la diminution en surface des pales sont incompatibles avec leur mobilité, et applicables seulement aux roues à pales fixes;

14° Que les pressions verticales dans la roue à pales fixes sont beaucoup plus grandes à l'entrée de la veine d'eau atteinte qu'à la sortie de cette veine, et qu'il peut en provenir surtout une diminution dans la masse d'eau saisie M;

Que si les pales, à leur entrée dans l'eau, au lieu d'être dirigées suivant les rayons de la roue par le centre, étaient placées obliquement, au contraire, et dirigées sur l'avant du centre dans leur prolongement, il y aurait une grande diminution dans les pressions verticales à l'entrée, et certainement aussi une augmentation dans la masse d'eau saisie;

Que, par cette obliquité autant que par le peu de hauteur des pales à l'entrée, on faciliterait surtout le mouvement de la roue dans une mer houleuse;

Que, à la vérité, on augmenterait ainsi les pressions verticales à la sortie, et que l'eau aurait moins de facilité à se dégager;

Qu'avec des pales hautes, par conséquent, il pourrait en résulter un mauvais effet; mais qu'avec des pales peu hautes, et avec l'aide des vitesses acquises ou des forces centrifuges, en même temps que de la pesanteur, le dégagement de l'eau serait, d'un autre côté, tellement facilité, que très-vraisemblablement enfin il y aurait de l'avantage à disposer ainsi les pales sous une certaine obliquité, dont l'expérience aurait à faire connaître, du reste, la grandeur la plus convenable;

15° Que, dans le but des observations des derniers numéros qui précèdent, on pourrait essayer immédiatement trente-six pales de 0 mèt. 20 à 0 mèt. 25 de hauteur, sur une roue de 6 mètres de diamètre, immergée de 0 mèt. 80 à l'état normal;

Mais que, afin de rendre le mouvement de l'eau plus facile encore à l'entrée et à la sortie, il serait bon d'établir la moitié seulement de ces trente-six pales obliquement au bout d'un rayon de 3 mèt. 00 au bord extérieur, puis l'autre moitié sans obliquité au milieu des intervalles, au bout d'un rayon de 3 mèt. 60 au bord extérieur, de manière qu'il y aurait une tranche annulaire vide de 0 mèt. 15 à 0 mèt. 20 (*);

Que, d'ailleurs, l'expérience seule pourrait faire connaître les proportions définitives les plus convenables d'un tel arrangement de trente-six pales;

16° Que, malgré la supériorité évidente, en mauvaise mer surtout, d'un système de pales mobiles, conformément aux principes du n° 10, principes contraires à tous les systèmes mobiles actuellement usités, comme il a été dit,

Vu les inconvénients pratiques de la mobilité des pales et la difficulté d'agir sur une veine d'eau affluente d'égale section;

Vu l'incompatibilité surtout de la mobilité des pales avec leur petitesse en hauteur et leur augmentation en nombre;

Il y aura peut-être, en somme, plus de profit à tirer du nouveau système à pales fixes du numéro précédent;

Que, à l'égard du nouvel appareil du *Brandon* du moins, il ne convient pas d'en proposer aucun autre;

17° Que, dans le propeller en forme de vis d'Archimède, on ne cessera pas d'avoir les formules fondamentales

$$\begin{aligned} P &= M(U-V) \\ T &= PV + \frac{M(U-V)^2}{2} + A \\ &= PV + \frac{P(U-V)}{2} + A \\ &= PV + \frac{1}{2}\frac{P^2}{M} + A, \end{aligned}$$

Comme dans les roues à aubes;

Et que la quantité A n'y sera pas nulle, car elle se composera au moins de la force vive rotatoire de la masse M à la sortie, et du travail perdu par le glissement de l'eau contre les parois de l'organe, indépendamment de tous autres tournoiements qu'il pourra y avoir encore;

18° Que dans les bateaux actuels de 160 chevaux, au tirant d'eau de 3 mèt. 33 en eau calme, les roues à aubes agissent sur une veine d'eau affluente, dont la section est d'environ 3,50 mètres carrés;

(*) Voyez l'épure intitulée, *Projet de roues à aubes fixes pour le bâtiment à vapeur* le Brandon.

Et que, pour agir sur une veine d'égale section par une vis d'Archimède, il faudrait que le diamètre de la vis fût de 2 mèt. 10 au moins, sans compter l'obstruction à l'entrée par les façons du navire;

19° Que, en supposant la vitesse des bateaux actuels de 160 chevaux, de 4 mèt. 25 par seconde, le volume d'eau affluent peut être évalué à 15 mètres cubes environ, ou à 15,000 kilogrammes par seconde;

Que, par suite, la masse d'eau affluente sera d'environ 1500 en nombre rond;

Que la vitesse horizontale U du centre de gravité de la masse M, à la sortie de la roue, peut être regardée comme ne différant pas beaucoup de la vitesse de la roue au bord extérieur des pales;

Que l'expérience donne, pour cette dernière vitesse, à fort peu près 6 mèt. 50 par seconde pour $V=4$ mèt. 25;

Qu'ainsi l'on pourra faire $U=6$ mèt. 50, et, par suite, $U-V=2$ mèt. 25;

Que, d'après une expérience de M. le sous-ingénieur Dupuy de Lôme, au port de Toulon, la résistance d'un bateau de 160 chevaux, système *Sphinx*, peut être représentée par la formule $107\ V^2$, au tirant d'eau de 3 mèt. 50;

Que, au tirant d'eau de 3 mèt. 50, la surface immergée du maître-couple est de 23 mèt. carrés, et qu'ainsi la résistance observée serait les 0,0890 du poids d'une colonne liquide ayant pour base cette surface immergée, et pour hauteur celle due à la vitesse;

Qu'au tirant d'eau normal de 3 mèt. 33, la surface immergée du maître-couple est de 21 mèt. c. 50, et que la résistance P à une vitesse de 4 mèt. 25 serait, par conséquent, de 1,800 kilog.;

Qu'alors l'équation

$$P = M(U-V)$$

ne serait satisfaite que par $M = 800$, c'est-à-dire qu'un peu plus de la moitié seulement de la masse affluente serait, en effet, saisie et lancée en arrière;

Que, de plus, le terme P V, ou le seul effet utile, serait mesuré par le nombre

$$PV = 7650 \text{ kilogrammètres},$$

que le terme

$$\frac{M(U-V)^2}{2} = \frac{P(U-V)}{2} = \frac{1}{2}\frac{P^2}{M},$$

Ou la perte de travail commune à tous les organes locomoteurs, pour une masse d'eau lancée de 800, serait de 2025 ou au delà du quart de P V;

Mais que, d'après les principes des nos 3, 4 et 5, la quantité A serait déjà égale au même nombre, sans compter l'effet des pressions verticales à l'entrée et à la sortie;

Qu'ainsi l'on aurait

$$\frac{P(U-V)}{2}+A>4050,$$

et

$$T>11700;$$

Que si, en effet, le cheval-vapeur était de 75 kilogrammètres par seconde, et qu'un tel effet pût être produit par une force motrice de 160 chevaux, on aurait

$$T=160\times 75=12,000 \text{ kilogrammètres},$$

ou 300 en sus;

Que si, au contraire, le cheval-vapeur était de 80 kilogrammètres par seconde, on aurait

$$T=160\times 80=12800,$$

ou 1100 en sus, et, par suite,

$$A=2025+1100=3125$$

$$\frac{M(U-V)^2}{2}=\frac{P(U-V)}{2}=\frac{1}{2}\frac{P^2}{M}=2025$$

$$PV=7650$$

Total égal. . . . 12800

Qu'en résumé, donc, en comptant le cheval-vapeur à $80^{k.m.}$ par seconde, les $\frac{7650}{12800}=0,60$ de la force motrice totale seraient utilement employés;

Que les $\frac{2025}{12800}=0,16$ seraient la perte commune à tous les organes locomoteurs sur une masse saisie de 800 par seconde;

Qu'enfin les $\frac{3125}{12800}=0,24$ seraient la perte spécialement inhérente à l'emploi des roues à aubes fixes, et que le tiers seulement de cette perte spéciale serait dû à l'obliquité des aubes;

20° Que, dans le propeller, il est facile de recueillir toute la masse d'eau affluente, en disposant les premiers éléments de la surface hélicoïde dans la direction des vitesses relatives à l'entrée;

Que, si l'on désigne par

v la vitesse d'une particule liquide sur une surface cylindrique de rayon r,

ω la vitesse angulaire de rotation autour de l'axe du cylindre, de manière que $r\omega$ soit la vitesse au bout du rayon r,

V la vitesse absolue de la même particule dans l'espace,

$\widehat{v\omega}$, $\widehat{V\omega}$ les angles des vitesses v et V avec la vitesse $r\omega$,

On aura toujours, par la géométrie seulement,

$$V \sin. \widehat{V\omega} = v \sin. \widehat{v\omega},$$
$$V \cos. \widehat{V\omega} = v \cos. \widehat{v\omega} + r\omega,$$

ou, inversement,

$$v \sin. \widehat{v\omega} = V \sin. \widehat{V\omega},$$
$$v \cos. \widehat{v\omega} = V \cos. \widehat{V\omega} - r\omega;$$

Que si l'on affecte l'indice 0 à toutes les quantités relatives à l'entrée dans le propeller, et que l'angle $\widehat{V_0\omega}$ y soit droit, on y aura alors en particulier

$$v_0 \sin. \widehat{v_0\omega} = V_0,$$
$$v_0 \cos. \widehat{v_0\omega} = -r\omega,$$

d'où

$$v_0 = \sqrt{V_0^2 + r^2\omega^2},$$
$$\text{tang.}\, v_0\omega = -\frac{V_0}{r\omega};$$

Que si l'on dispose le premier élément de la surface hélicoïdale, suivant un angle obtus $\widehat{v_0\omega}$, d'après cette dernière formule, toutes les masses d'eau affluentes pourront y entrer tangentiellement sans être gênées dans leur mouvement;

21° Que si le propeller portait une multitude de canaux suivant des hélices concentriques, dont les angles fussent partout $\widehat{v_0\omega}$, l'eau traverserait ces canaux librement, et qu'il n'y aurait aucune force motrice à appliquer à l'instrument;

Que si, dans le propeller, l'axe d'un des petits canaux venait à s'éloigner graduellement d'une telle hélice, sur la même couche cylindrique de rayon constant r, de manière que les angles $\widehat{v\omega}$ allassent en diminuant jusqu'à la sortie, il y aurait alors pression des particules glissantes sur les parois contiguës, et que de la force motrice serait nécessaire;

Que, si l'écoulement pouvait avoir lieu à plein jet, les vitesses relatives v varieraient en raison inverse des sections transversales;

Que, si tous les canaux étaient juxtaposés par des cloisons sans épaisseur, les sections transversales seraient proportionnelles aux sinus des angles $\widehat{v\omega}$;

Qu'alors les vitesses v varieraient en raison inverse de ces sinus, et diminueraient depuis l'entrée jusqu'à la sortie;

Qu'ensuite, d'après le principe des forces vives, les pressions seraient nécessairement moindres à l'entrée qu'à la sortie;

Que, par cette diminution des pressions à l'entrée, les vitesses V_o seraient notablement plus grandes que la vitesse V du bateau, et que la veine d'eau affluente serait vivement aspirée, puis chassée sur l'arrière par le propeller;

Que l'instrument acquerrait ainsi le plus grand degré de perfection dont il est susceptible, et que la théorie pourrait en être achevée sur-le-champ de la manière la plus satisfaisante, si l'on était certain à priori de l'écoulement à plein jet, et de la petitesse du frottement de l'eau contre les parois de l'organe;

Mais que, dans le propeller en usage, l'écoulement ne se fait peut-être pas ordinairement à plein jet;

22° Qu'un propeller un peu long pourrait être fermé circulairement au dehors, et divisé en une multitude de canaux au dedans, sans que l'écoulement se fît à plein jet, si les canaux n'étaient pas convenablement proportionnés dans leurs courbures et dans leurs sections transversales;

Que la loi d'une telle proportion convenable est du ressort précisément de cette partie de l'hydrodynamique qui n'a pas encore été résolue par les géomètres, et qui exige l'intégration de la formule générale du mouvement des liquides;

Que, si l'écoulement n'a pas lieu à plein, on doit considérer les pressions comme égales dans la longueur de chaque veine, et faire entrer en ligne de compte une certaine perte de force vive par les tournoiements ou remous dans les espaces non occupés par la veine liquide proprement dite;

Qu'en négligeant cette perte spéciale de force vive, comme si de l'air atmosphérique pouvait remplir toutes les cavités non occupées par les veines liquides proprement dites, et considérant toujours chaque canal comme étant tracé sur une surface cylindrique circulaire de rayon constant, ou mieux encore, qu'en supposant chaque canal d'une section transversale constante, afin que les vitesses et par suite les pressions y soient nécessairement constantes; qu'alors dans l'un ou l'autre cas, et dans le dernier de préférence, la théorie du propeller pourrait être exposée comme on va le voir dans les numéros ci-après;

23° Que dans un canal quelconque, sur une surface cylindrique circulaire de rayon constant r, et entraîné par la rotation de ce cylindre autour de son axe, il n'y a pas à tenir compte de l'effet des forces centrifuges dans l'équation du principe des forces vives, de sorte que, si les pressions sont égales, les vitesses le seront, et inversement;

Qu'ainsi l'on aura dans toute la longueur du canal, sauf le frottement contre les parois regardé comme nul,

$$v = \text{const.} = v_0,$$

et que, si v_1 est la vitesse relative à la sortie, on aura

$$v_1 = v_0\,;$$

mais que l'angle $\widehat{v_1 \omega}$ sera complétement arbitraire, et que pour la vitesse absolue V_1 on aura, d'après le numéro 20,

$$V_1 \sin. \widehat{V_1\omega} = v_1 \sin. \widehat{v_1\omega} = v_0 \sin. \widehat{v_1\omega} = \sin. \widehat{v_1\omega} \sqrt{V_0^2 + r^2\omega^2},$$

$$V_1 \cos. \widehat{V_1\omega} = r\omega + v_1 \cos. \widehat{v_1\omega} = r\omega + v_0 \cos. \widehat{v_1\omega} = r\omega + \cos. \widehat{v_1\omega} \sqrt{V_0^2 + r^2\omega^2},$$

d'où
$$V_1^2 = V_0^2 + 2r^2\omega^2 + 2r\omega \cos. \widehat{v_1\omega} \sqrt{V_0^2 + r^2\omega^2},$$

$$\text{tang.}\, \widehat{V_1\omega} = \frac{\sin. \widehat{v_1\omega} \sqrt{V_0^2 + r^2\omega^2}}{r\omega + \cos. \widehat{v_1\omega} \sqrt{V_0^2 + r^2\omega^2}};$$

Que, pour chaque particule δm lancée en arrière, la force poussante sur le bateau sera

$$\delta m\,[V_1 \sin. \widehat{V_1\omega} - V_0] = \delta m\,[\sin. \widehat{v_1\omega} \sqrt{V_0^2 + r^2\omega^2} - V_0];$$

Que la somme de toutes les expressions semblables donnera la force poussante totale $M\,(U - V_0)$;

Que, P étant la résistance supposée connue en fonction de la vitesse V, on doit avoir

$$P = M\,(U - V_0),$$

d'où
$$U = V_0 + \frac{P}{M};$$

Que, pour éviter l'inégalité des vitesses directes à la sortie et l'augmentation correspondante de la quantité A, il faudrait avoir partout

$$\sin. \widehat{v_1\omega} \sqrt{V_0^2 + r^2\omega^2} = U = V_0 + \frac{P}{M};$$

Que cette relation ne pourra jamais avoir lieu pour $r = 0$, et commencera à être possible seulement, lorsque par l'augmentation de r on aura

$$\sqrt{V_0^2 + r^2\omega^2} = U = V_0 + \frac{P}{M},$$

ou
$$r^2\omega^2 = U^2 - V_0^2 = 2V_0\frac{P}{M} + \frac{P^2}{M^2};$$

Que, jusqu'à la valeur de r ainsi déterminée, il conviendra alors de faire l'angle $\widehat{v_1\omega}$ droit, ou sin. $\widehat{v_1\omega} = 1$, et qu'au delà seulement, en continuant à faire croître r, on pourrait avoir

$$\sin. v_1\omega = \frac{U}{\sqrt{V_0^2 = r^2\omega^2}} = \frac{V_0 + \frac{P}{M}}{\sqrt{V_0^2 + r^2\omega^2}};$$

Qu'en tout état de choses, la quantité A comprendra encore l'expression

$$\Sigma \frac{\delta m\, V_1^2 \cos.^2 \widehat{V_1\omega}}{2}.$$

Qu'ainsi, des deux angles supplémentaires qui correspondront toujours à une même valeur numérique du terme

$$V_1 \sin. \widehat{V_1\omega} = \sin. \widehat{v_1\omega} \sqrt{V_0^2 + r^2\omega^2},$$

il ne faudrait pas manquer de choisir l'angle obtus, afin que cos. $\widehat{v_1\omega}$ fût négatif, et que l'on eût

$$V_1 \cos. \widehat{V_1\omega} = r\omega - \sqrt{1 - \sin.^2 \widehat{v_1\omega}} \sqrt{V_0^2 + r^2\omega^2},$$

que, pour toutes les valeurs de r en dedans de la limite

$$r^2\omega^2 = U^2 - V_0^2,$$

où l'on ferait sin. $\widehat{v_1\omega} = 1$, on aurait V_1 cos. $\widehat{V_1\omega} = r\omega$,

Et qu'au delà seulement on pourrait avoir

$$V_1 \cos. \widehat{V_1\omega} = r\omega - \sqrt{V_0^2 + r^2\omega^2 - U^2},$$

c'est-à-dire que V_1 cos. $\widehat{V_1\omega}$ irait en diminuant, pendant que r augmenterait;

Que, puisqu'on ne saurait avoir jamais $\Sigma \frac{\delta m\, V_1^2 \cos.^2 \widehat{V_1\omega}}{2} = 0$, il n'y a aucun motif déterminant pour viser à l'égalité des vitesses sortantes, ou à la condition

$$\sin. v_1\omega \sqrt{V_0^2 + r^2\omega^2} = U,$$

et qu'alors on aura, dans toute la généralité de la question,

$$A = \Sigma \frac{\delta m \left[\sin. \widehat{v_1\omega} \sqrt{V_0^2 + r^2\omega^2} - U\right]^2}{2} + \Sigma \frac{\delta m \left[r\omega + \cos. \widehat{v_1\omega} \sqrt{V_0^2 + r^2\omega^2}\right]^2}{2};$$

Qu'il faudrait arriver à développer cette expression par le calcul, et à la rendre un minimum, en maintenant la condition

$$\Sigma\, \delta m\, [\sin.\, \widehat{v_1\omega}\, \sqrt{V_0^2 + r^2\omega^2} - V_0] = M\,(U - V_0) = (U - V_0)\, \Sigma\, \delta m,$$

ou simplement

$$\Sigma\, \delta m \sin.\, \widehat{v_1\omega}\, \sqrt{V_0^2 + r^2\omega^2} = U\, \Sigma\, \delta m;$$

Qu'il sera d'ailleurs impossible toujours d'annuler le second terme de l'expression précédente de A, en faisant

$$\cos.\, \widehat{v_1\omega} = -\frac{r\omega}{\sqrt{V_0^2 + r^2\omega^2}},$$

parce qu'il en résulterait

$$\sin.\, \widehat{v_1\omega}\, \sqrt{V_0^2 + r^2\omega^2} - V_0 = 0,$$

et

$$\text{tang.}\, \widehat{v_1\omega} = -\frac{V_0}{r\omega} = \text{tang.}\, \widehat{v_0\omega},$$

c'est-à-dire qu'il n'y aurait plus de force poussante, et que le canal redeviendrait une hélice;

Que définitivement, donc, la quantité A ne cessera jamais de subsister avec une certaine valeur finie;

Que cependant cette quantité convergera vers zéro, pendant que la vitesse angulaire ω convergera vers l'infini, et les angles obtus $\widehat{v_0\omega}, \widehat{v_1\omega}$ vers deux angles droits; mais qu'alors les frottements dans le propeller ne seraient pas négligeables, et qu'il faudrait rendre l'instrument excessivement court dans le sens longitudinal;

Que, si l'on voulait aller plus loin par le calcul, il faudrait faire une supposition sur la distribution des masses sortantes;

Que, puisque le rayon r a été supposé constant dans toute la longueur de chaque canal, il faudrait regarder les masses sortantes dans chaque tranche annulaire, comme égales aux masses entrantes dans la même tranche, et que, dans l'hypothèse d'un écoulement à plein jet à l'orifice d'entrée, on aurait

$$\delta m = \frac{\varpi}{g} \times 2\pi r dr\, V_0 = 2\, \frac{\varpi\pi}{g}\, V_0 r dr;$$

Que cette hypothèse serait admissible sans doute dans un propeller infiniment court;

Mais qu'autrement, dans un propeller d'une certaine longueur, il aurait fallu faire varier aussi le rayon r dans chaque canal, et avoir égard aux forces centrifuges, ce qui n'eût pas été difficile, mais eût allongé inutilement le sujet ici;

24° Que par un deuxième propeller, mis à la suite d'un premier et tournant en sens contraire, on pourrait ramener les vitesses divergentes V_1 au parallélisme;

Que, si l'on désigne en effet par

ω' la vitesse angulaire du deuxième propeller en sens contraire du premier,

v_0', v_1' les vitesses relatives à l'entrée et à la sortie,

V_0', V_1' les vitesses absolues à l'entrée et à la sortie,

On aurait, à l'entrée,

d'abord

$$V_0' = V_1,$$
$$\widehat{V_0'\omega'} = \pi - \widehat{V_1\omega},$$
$$\sin.\widehat{V_0'\omega'} = \sin.\widehat{V_1\omega},$$
$$\cos.\widehat{V_0'\omega'} = -\cos.\widehat{V_1\omega},$$

et ensuite, d'après les principes du numéro précédent et les formules du numéro 20,

$$v \sin.\widehat{v_0'\omega'} = V_0'\sin.\widehat{V_0'\omega'} = V_1\sin.\widehat{V_1\omega},$$
$$v_0'\cos.\widehat{v_0'\omega'} = V_0'\cos.\widehat{V_0'\omega'} - r\omega' = -(V_1\cos.\widehat{V_1\omega} + r\omega'),$$

d'où

$$v_0' = \sqrt{V_1^2 + r^2\omega'^2 + 2V_1 r\omega'\cos.\widehat{V_1\omega}},$$
$$\text{tang.}\,\widehat{v'_0\,\omega'} = -\frac{V_1\sin.\widehat{V_1\omega}}{V_1\cos.\widehat{V_1\omega} + r\omega'}$$

puis, à la sortie,

$$v_1' = v_0',$$
$$V_1'\sin.\widehat{V_1'\omega'} = v_1'\sin.\widehat{v_1'\omega'} = v_0\sin.\widehat{v_1'\omega'},$$
$$V_1'\cos.\widehat{V_1'\omega'} = v_1'\cos.\widehat{v_1'\omega} + r\omega = v_0'\cos.\widehat{v_1'\omega'} + r\omega',$$

de telle façon qu'il suffirait de remplir la condition $\cos.\,v_1'\omega' = -\frac{r\omega'}{v_0'}$ pour atteindre le but proposé;

Qu'enfin, si l'on calculait les vitesses parallèles V_1' à la sortie, on aurait la mesure de la force poussante par l'expression

$$\Sigma \delta m \, (V_1' - V_0),$$

la vitesse de rotation par la condition

$$\Sigma \delta m V_1' = MU = U \Sigma \delta m,$$

et la quantité A par l'expression

$$\Sigma \frac{\delta m (V_1' - U)^2}{2},$$

laquelle ne pourrait être nulle qu'autant que l'on aurait partout $V_1' = U$;

25° Que, si l'on voulait avoir égard au frottement de l'eau contre les cloisons de l'instrument, les vitesses relatives à la sortie v_1 seraient inférieures aux vitesses relatives à l'entrée v_0;

Que la différence pourrait être calculée approximativement par la formule empirique $\alpha u + \beta u^2$, que l'on emploie d'ordinaire dans le mouvement des liquides par de longues conduites;

Que si, un propeller ne remplissait aucune des conditions de perfection des numéros 20, 21 et 23, l'aspiration de la veine affluente serait fort tumultueuse à l'orifice d'entrée, et qu'il en proviendrait principalement une diminution dans la masse d'eau saisie;

Que les agitations ou tournoiements seraient plus considérables encore à la sortie;

Que, par l'absence de parois latérales circulaires dans un propeller d'une certaine longueur, il y aurait des vitesses jaillissantes obliques tout à l'entour au dehors, par l'effet des forces centrifuges, et que de telles vitesses obliques ne pourraient manquer d'augmenter la quantité A;

Que dans un propeller un peu long et à rotation quelconque, soit lente soit rapide, les causes de perte de travail sont si évidentes et si nombreuses, qu'il n'y aurait aucune réussite à attendre d'un tel instrument comme organe locomoteur des bateaux à vapeur;

Que la principale condition sera toujours de faire l'instrument excessivement court et de le faire tourner vite;

Que l'on serait arrivé à la même conséquence principale en supposant un écoulement à plein jet;

Que dans l'une et l'autre manière de voir, c'est-à-dire avec écoulement à plein jet ou non, le terme rationnel de plus grande perfection doit être exactement le même, à savoir, une rotation très-rapide, avec un système d'ailettes infiniment étroites et presque parallèles au plan de rotation;

Qu'avec de telles ailettes très-multipliées on serait certain d'agir sur toute la masse d'eau saisie, mais qu'il y aurait une diminution dans cette masse et une augmentation dans les frottements;

Qu'avec un petit nombre de telles ailettes, au contraire, il y aurait une diminution dans les frottements et une augmentation dans la masse d'eau saisie, mais qu'on finirait aussi par ne plus agir aussi efficacement sur cette masse;

Qu'entre ces deux inconvénients l'expérience seule pourra indiquer le terme moyen le plus convenable;

Qu'au point de vue spécial du nombre des ailettes et de leur surface, il en est de la question du propeller des bateaux à vapeur à fort peu près comme de celle des moulins à vent;

Que la théorie expérimentale des moulins à vent a été amenée à un très-haut degré de perfection depuis longtemps déjà, et peut être considérée comme entièrement achevée sous ce rapport dans le système connu sous le nom d'*airage hollandais*;

Que dans ce système il y a quatre ailettes seulement, sous une obliquité moyenne de 18 à 20°, dont la surface totale est comprise entre le $\frac{1}{4}$ et le $\frac{1}{5}$ de la section de la veine d'air atteinte;

Que ce devrait être naturellement là le point de départ des expériences nouvelles à tenter sur le propeller des bateaux à vapeur;

Que, toutefois, la grande vitesse d'un propeller est un inconvénient sérieux dans l'exécution, et qu'à ce point de vue il pourrait être convenable de ne pas disposer les ailettes par trop obliquement avec le plan de rotation;

Qu'il serait bon de chercher aussi si le but ne pourrait pas être atteint avec une rotation modérée et avec un égal avantage final, en faisant tourner deux propellers en sens contraire à la suite l'un de l'autre, de manière à ramener au parallélisme les vitesses divergentes à la sortie du premier, conformément à ce qui a été dit au numéro 23 du présent chapitre;

Qu'une rotation un peu plus rapide que celle des roues à aubes actuellement en usage aurait le grand avantage de nécessiter des machines moins volumineuses et moins pesantes d'après la formule connue

$$d^2c = \frac{0,59\ F}{N};$$

Que le perfectionnement du propeller mérite toute l'attention des mécaniciens, mais qu'il serait inopportun de l'appliquer au nouvel appareil projeté du *Brandon*.

Tels sont les points capitaux, ou les principes, si l'on veut, de la théorie des organes locomoteurs des bateaux à vapeur.

Leur entier développement par le calcul en partie, et par le raisonnement surtout, amènerait certainement des résultats utiles, et l'on aurait tort de croire à l'impuissance de la théorie en cette matière comme ailleurs ; car, là où elle ne donne plus de nombres, elle trace au moins la route à suivre, et indique clairement les points à résoudre par des expériences convenablement entendues.

Dans le nouvel appareil du *Brandon*, toutefois, nous ne proposerons que l'emploi des roues à aubes fixes, mais des roues à aubes nouvelles, conformément au numéro 15 du présent chapitre, à 18 pales de 0,20 à 0,25 de hauteur, sur autant de rayons principaux de $3^m,00$ au bord extérieur, avec une légère obliquité par en haut sur l'avant du centre, et 18 pales de même hauteur aux milieux des intervalles, sans obliquité, au bout d'un rayon de 2,60 au bord extérieur, de manière qu'il y ait une tranche annulaire vide de $0^m,15$ à $0^m,20$ entre les deux rangs concentriques de pales (*);

Sauf, toutefois, à modifier le système ainsi proposé, d'après telles indications que l'expérience pourra suggérer dans le cours des épreuves de recette.

(*) Voyez l'épure intitulée, *Projet de roues à aubes fixes pour le bâtiment à vapeur le* Brandon.

CHAPITRE XVII.

THÉORIE DU TIROIR ORDINAIRE A EXCENTRIQUE, D'APRÈS L'ÉPURE CIRCULAIRE, ET APPLICATION DE CETTE THÉORIE AUX MACHINES DU BRANDON.

Soient

x la fraction de course d'introduction,

r la demi-course,

A la demi-somme des recouvrements des plaques frottantes du côté de la vapeur,

$+a$ la demi-somme des non-recouvrements des plaques frottantes du côté du condenseur, a devenant négatif quand il y aura recouvrement,

Ω, ω les angles ayant pour sinus les rapports $\frac{A}{r}, \frac{a}{r}$, ω étant positif ou négatif en même temps que a,

Δ, δ les angles à décrire par les manivelles jusqu'aux points morts, à partir des points d'ouverture et de fermeture avec le condenseur,

x', x'' les fractions de courses correspondantes du piston à vapeur,

h_v la hauteur dont les orifices découvrent pour l'entrée de la vapeur,

$h > h_v$ la hauteur entière des orifices ou la hauteur d'ouverture au condenseur,

H la hauteur des plaques frottantes,

l la largeur des orifices,

S_v, S_c les sections des orifices pour l'entrée de la vapeur dans le cylindre et pour la sortie au condenseur.

On aura cette suite de relations,

$$A = r \sin.\Omega,$$
$$a = r \sin.\omega,$$
$$\Delta = \Omega + \omega,$$
$$\delta = \Omega - \omega,$$
$$x = \frac{1 + \cos. 2\Omega}{2} = \cos.^2\Omega = 1 - \frac{A^2}{r^2},$$

$$x' = \frac{1 + \cos.\Delta}{2} = \frac{1 + \cos.\Omega\cos.\omega - \sin.\Omega\sin.\omega}{2} = \frac{1 + \sqrt{\left(1 - \frac{A^2}{r^2}\right)\left(1 - \frac{a^2}{r^2}\right)} - \frac{Aa}{r^2}}{2},$$

$$x'' = \frac{1 + \cos.\delta}{2} = \frac{1 + \cos.\Omega\cos.\omega + \sin.\Omega\sin.\omega}{2} = \frac{1 + \sqrt{\left(1 - \frac{A^2}{r^2}\right)\left(1 - \frac{a^2}{r^2}\right)} + \frac{Aa}{r^2}}{2},$$

$$\frac{A}{r} = \sin.\Omega = \sqrt{1 - x},$$

$$h_v = r - A = r(1 - \sin.\Omega) = r(1 - \sqrt{1 - x}),$$
$$H = h + A - a.$$

Il sera d'ailleurs nécessaire que l'on ait

$$\left.\begin{array}{ll} h > h_v & \text{ou} \quad h > r - A \\ & \text{et} \quad h < r + a \end{array}\right\} \text{conséquemment} \left\{\begin{array}{l} H > r - a \\ H < r + A \end{array}\right.$$

et l'on trouvera enfin

$$\begin{aligned} S_v &= l h_v = l(r - A) = l r(1 - \sqrt{1 - x}) \\ S_c &= l h \end{aligned}$$

L'essentiel est que l'angle Δ soit de 25° au moins, et même de 30° à 33°.

Les fabricants anglais paraissent s'attacher, en général, à faire

$$a = 0,$$

ce qui entraîne

$$\begin{aligned} &\omega = 0, \\ &\Delta = \delta = \Omega, \\ &x' = x'' = \frac{1 + \cos.\ \Omega}{2} = \frac{1 + \sqrt{x}}{2} \end{aligned}$$

Mais on ne voit pas de motif fondé à cette pratique, et, si l'on avait à craindre des amas d'eau entre le piston et le fond ou le couvercle du cylindre, il faudrait, au contraire, rendre l'angle δ très-petit, sans déroger à la condition fondamentale d'avoir 30 degrés environ pour l'angle Δ.

Quand on se donnera à priori Δ et δ, on aura

$$\begin{aligned} \Omega &= \frac{\Delta + \delta}{2}, \\ \omega &= \frac{\Delta - \delta}{2}, \\ A &= r \sin.\ \frac{\Delta + \delta}{2}, \\ a &= r \sin.\ \frac{\Delta - \delta}{2}, \\ x' &= \frac{1 + \cos.\ \Delta}{2}, \\ x'' &= \frac{1 + \cos.\ \delta}{2}, \\ x &= \frac{1 + \cos.\ (\Delta + \delta)}{2} = \cos.^2 \frac{\Delta + \delta}{2}, \end{aligned}$$

et le reste s'en déduira aisément.

Par exemple, en faisant

$$\begin{aligned} \Delta &= 30^0, \\ &= 10^0, \end{aligned}$$

on trouvera

$$\begin{aligned}
\Omega &= 20^\circ,\\
\omega &= +\,10^\circ,\\
A &= r \sin.\,(20^\circ) = 0{,}342\,r,\\
a &= r \sin.\,(10^\circ) = +\,0{,}174\,r,\\
x &= \cos.^2\,(20^\circ) = 0{,}883.
\end{aligned}$$

Mais cette valeur de x est un peu élevée pour le bon emploi de la vapeur, en ce qu'elle restreint beaucoup la détente, et, si l'on veut que la fraction de course d'introduction diminue, il faudra que la somme $\Delta + \delta$ soit plus grande.

Ainsi, en posant

$$\begin{aligned}
\Delta &= 30^\circ,\\
\delta &= 15^\circ,
\end{aligned}$$

on trouvera

$$\begin{aligned}
\Omega &= 22^\circ - 30',\\
\omega &= +\,7^\circ - 30',\\
A &= r \sin.\,(22^\circ - 30') = 0{,}3827\,r,\\
a &= r \sin.\,(\;7^\circ - 30') = +\,0{,}1305\,r,\\
x &= \cos.^2\,(22^\circ - 30') = 0{,}8535,
\end{aligned}$$

et, si l'on prenait $\delta = \Delta$, on serait ramené à l'usage anglais.

Mais quand l'angle Δ sera donné à priori, et qu'on fera croître δ afin de réduire x, il y aura une diminution nécessaire dans les quantités h_v, S_v, et aussi dans la vitesse de fermeture des plaques frottantes pour l'entrée de la vapeur dans le cylindre; afin de remédier à cet inconvénient, il faudrait faire croître en même temps la course du tiroir et la hauteur des plaques, et l'on entrevoit ainsi une limite prochaine, qu'il serait certainement mauvais de dépasser dans la pratique; la régulation de Maudsley, à grande détente, peut être considérée, à juste titre, comme étant fort voisine de cette limite.

Pour aller sensiblement au delà de ce qu'a fait Maudsley dans la diminution de x, il faudra disposer un organe spécial de fermeture pour la vapeur affluente, et il y aura même nécessité à cela quand la fraction x devra être variable à volonté.

Avec une telle disposition, la fraction de course x du tiroir ordinaire deviendra assez arbitraire, et l'on pourra s'astreindre davantage à donner aux angles Δ, δ, ou à la cote h_v, par exemple, les valeurs les plus convenables dans chaque cas.

Dans le système de régulation du *Brandon*, cependant, avec un tiroir ordinaire et une plaque glissante spéciale, l'arc de la fermeture, variable à volonté, se trouve limité d'une manière absolue par l'angle $2\,\Omega = \Delta + \delta$; mais comme il y a 30° seulement, depuis les 0,50 jusqu'aux 0,75 de la course, et que l'angle δ ne pourra jamais être négatif, il s'ensuit qu'en prenant $\Delta = 30°$ environ, le but proposé pourra toujours être atteint de la manière la plus satisfaisante.

Après avoir étudié différentes combinaisons pour le tiroir ordinaire, on s'est arrêté à la suivante :

$$r = 14 \text{ centimètres},$$
$$A = 5{,}6,$$
$$a = 2{,}1,$$

d'où

$$\frac{A}{r} = 0{,}40,$$
$$\frac{a}{r} = 0{,}15,$$
$$\Omega = 23° - 35',$$
$$\omega = 8° - 38',$$
$$\Delta = 32° - 13',$$
$$\delta = 14° - 57',$$
$$x = 1 - (0{,}4)^2 = 0{,}84,$$
$$x' = \ldots\ldots = 0{,}923,$$
$$x'' = \ldots\ldots = 0{,}983,$$
$$h_v = r - A = 8^{c.m.},4,$$
$$h = 14{,}0,$$
$$H = h + A - a = 14{,}0 + 5{,}6 - 2{,}1 = 17{,}5,$$
$$l = 56,$$
$$\left.\begin{array}{l} S_v = 56 \times 8{,}4 = 470{,}4 \\ S_c = 56 \times 14 = 784{,}0 \end{array}\right\} \text{centimètres carrés.}$$

Il est d'ailleurs évident que les sections d'orifices S_v, S_c, comme aussi celles des tuyaux à vapeur S, doivent être fixées proportionnellement au volume déplacé par le piston à vapeur en une minute de temps, c'est-à-dire proportionnellement à la quantité d^2w, ou à la force nominale ordinaire en chevaux-vapeur, quelle que puisse être la fraction de course d'introduction x, ou le vrai volume de vapeur dépensé.

Les dimensions linéaires, par conséquent, des orifices, des plaques frottantes et des sections transversales des tiroirs devront croître comme les racines carrées des forces nominales, ou comme les diamètres d et comme les racines carrées des vitesses w des pistons à vapeur.

A l'égard de la vitesse w des pistons, on aura toujours, par les formules générales de la théorie des bateaux à vapeur (33) et (36), chap. IV, n° 8,

$$F = \varphi V^3 L^2,$$
$$d^2c = k \psi V^2 L^3,$$
$$w = 2c \frac{\varphi}{\psi} \frac{V}{L},$$

et, par l'élimination de L,

$$
\left.\begin{aligned}
w &= 2c\,\frac{\varphi}{\psi}\,V\left(\frac{\varphi V^3}{F}\right)^{\frac{1}{2}} = 2c\left(\frac{\varphi^3 V^5}{\psi^2 F}\right)^{\frac{1}{2}} \\
\text{ou}\qquad w &= 2c\,\frac{\varphi}{\psi}\,V\left(\frac{k\psi V^2}{d^2c}\right)^{\frac{1}{3}} = 2\left(k\,\frac{\varphi^3}{\psi^2}V^5\frac{c^2}{d^2}\right)^{\frac{1}{2}}
\end{aligned}\right\}\quad \ldots \quad (m).
$$

Quand la course c devra varier proportionnellement à L, on aura directement, par la formule (36),

$$
\frac{w}{V} = \text{const.} \quad \ldots\ldots \quad (n).
$$

Quand la vitesse V du bateau sera donnée par la condition

$$
V = v\sqrt[3]{L} = vL^{\frac{1}{3}}. \quad \ldots\ldots \quad (o),
$$

les formules fondamentales se changeront en

$$
F = \varphi v^3 L^3,
$$

$$
d^2c = k\psi v^2 L^{\frac{11}{3}},
$$

$$
w = 2c\,\frac{\varphi}{\psi}\,\frac{v}{L^{\frac{2}{3}}},
$$

et, par l'élimination de L, on trouvera

$$
w = 2c\,\frac{\varphi}{\psi}\,v\left(\frac{\varphi v^3}{F}\right)^{\frac{2}{9}}
$$

ou

$$
w = 2c\,\frac{\varphi}{\psi}\,v\left(\frac{k\psi v^2}{d^2c}\right)^{\frac{2}{11}} \quad \ldots \quad (p).
$$

en sorte que w devra croître comme l'expression

$$
\frac{c}{(d^2c)^{\frac{2}{11}}} = \left(\frac{c^9}{d^4}\right)^{\frac{1}{11}} = \left(\frac{c}{d}\right)^{\frac{2}{3}}\left(d^2c\right)^{\frac{3}{33}}
$$

Lorsqu'en même temps la course devra varier proportionnellement à L, on aura, d'une part,

$$\frac{d}{L^{\frac{4}{3}}} = \text{const.},$$

et, d'autre part,

$$\frac{w}{L^{\frac{1}{3}}} = \text{const.}, \qquad \ldots \quad (q),$$

et, par suite,

$$\frac{w^4}{d} = \text{const.},$$

c'est-à-dire que la vitesse demandée w du piston à vapeur devra varier proportionnellement à $d^{\frac{1}{4}}$.

Nous terminerons cet exposé général par le tableau comparatif des modes de régulation des machines les plus connues, d'après les dimensions indiquées dans l'ouvrage de M. Campaignac, page 312 . . . . 316, en prenant le centimètre pour unité linéaire.

NOMS des bâtiments.	Force nominale d'un cylindre.	QUANTITÉS DONNÉES.						QUANTITÉS CALCULÉES														
							Diamètre du tuyau à vapeur.	en grandeur absolue pour chaque machine.					Section du tuyau à vapeur pour un cylindre.	Angles et rapports.						Sections proportionnelles des passages de vapeur pour une force nominale de 100 chevaux par cylindre.		
	F	x	r	h	H	l		A	a	h_v	$S_v = l h_v$	$S_c = l h$	S	2Ω	Δ	δ	x	x'	x''	S'_v	S'_c	S'
	ch.	unités.	c.m.	c.m.	c.m.	c.m.	c.m.	c.m.	c.m.	c.m.	cm.car.	c.m. car.	c.m. car.	deg. m.	deg. m.	deg. m.	unités.	unités.	unités.	cm.car	cm.car.	cm.car.
L'Eurotas..........	80	0,700	14,00	10,30	17,7	47,0	25,0	7,668	+0,268	6,332	297,6	484,1	490,9	66 26	34 19	32 7	0,700	0,913	0,924	372,0	605,1	613,6
Le Sphinx........	80	0,900	10,15	9,70	12,7	38,0	22,0	3,210	+0,210	6,940	263,7	368,6	380,1	36 52	19 37	17 15	0,900	0,971	0,978	329,6	460,7	575,9
Le Tancrède.........	80	0,725	11,20	8,85	15,0	45,5	26,8	5,873	—0,277	5,327	242,4	402,7	564,1	63 16	30 13	33 3	0,725	0,932	0,919	303,0	503,4	705,1
Le Véloce.........	110	0,750	12,50	12,00	18,0	51,0	26,0	6,250	+0,250	6,250	318,7	612,0	530,9	60 0	31 9	28 51	0,750	0,928	0,938	289,6	556,4	482,6
Les paquebots-postes	110	0,725	12,20	9,70	16,4	57,0	31,1	6,398	—0,302	5,802	330,7	552,9	759,6	63 16	30 13	33 3	0,725	0,932	0,919	300,6	502,6	690,5
Les Transatlantiques.	225	0,900	16,00	16,00	20,5	80,0	38,0	5,060	+0,560	10,940	875,2	1280,0	1134,1	36 52	19 37	17 15	0,900	0,971	0,978	389,0	568,9	504,0
Le Brandon........	100	0,840	14,00	14,00	17,5	56,0	28,0	5,600	+2,100	8,400	470,4	784,0	615,8	47 10	32 13	14 57	0,840	0,923	0,983	470,4	784,0	615,8

Il reste à ajouter que, dans les machines du *Brandon*, la surface des deux orifices simultanés pour l'entrée de la vapeur dans la boîte du tiroir, par les plaques glissantes, est de

$$56 \times 5{,}6 \times 2 = 627{,}2 \text{ centimètres carrés,}$$

et excède un peu celle du tuyau à vapeur, qui est de

615,8 centimètres carrés.

Lorient, le 19 mai 1848.

L'ingénieur de la marine,

F. REECH.

Le directeur des constructions navales,

Signé ALEXANDRE.

TABLE DES MATIÈRES

CHAP. I. Introduction historique .... Page 1
CHAP. II. Analyse succincte du mémoire présenté au concours de l'Académie des sciences en avril 1838 et retiré en juin 1830 5
CHAP. III. La dépêche du 6 août 1842 19
CHAP. IV. Principes généraux de l'établissement du mécanisme des bateaux à vapeur 20
CHAP. V. Du meilleur type des bâtiments actuels de 160 chevaux de force 49
CHAP. VI. Du meilleur système de machines 54
CHAP. VII. Fixation des dimensions du nouvel appareil proposé 57
CHAP. VIII. Du poids des machines proprement dites dans le nouvel appareil 61
CHAP. IX. Du mécanisme à expansion variable 63
CHAP. X. Du choix définitif des formes et dimensions des nouvelles machines 66
CHAP. XI. De la force nominale et de la force effective présumée des nouvelles machines, supposées agrandies dans le rapport de 7 à 10 linéairement 70
CHAP. XII. De la puissance nominale et de la puissance effective des chaudières à vapeur en général 73
CHAP. XIII. Des meilleures proportions des chaudières dans le nouvel appareil et dans les machines ordinaires 76
CHAP. XIV. De la fixation définitive des chaudières du nouvel appareil, et de leur poids 82
CHAP. XV. De la nécessité de concevoir l'unité mécanique dite cheval-vapeur dans sa vraie signification, et de réformer la locution usuelle par laquelle on désigne la force des machines et la puissance évaporatoire des chaudières ensemble par un certain nombre de chevaux-vapeur, sans mentionner la fraction de course d'introduction 84
CHAP. XVI. Des roues à aubes et des organes locomoteurs des bateaux à vapeur en général 92
CHAP. XVII. Théorie du tiroir ordinaire à excentrique, d'après l'épure circulaire, et application de cette théorie aux machines du *Brandon* 94

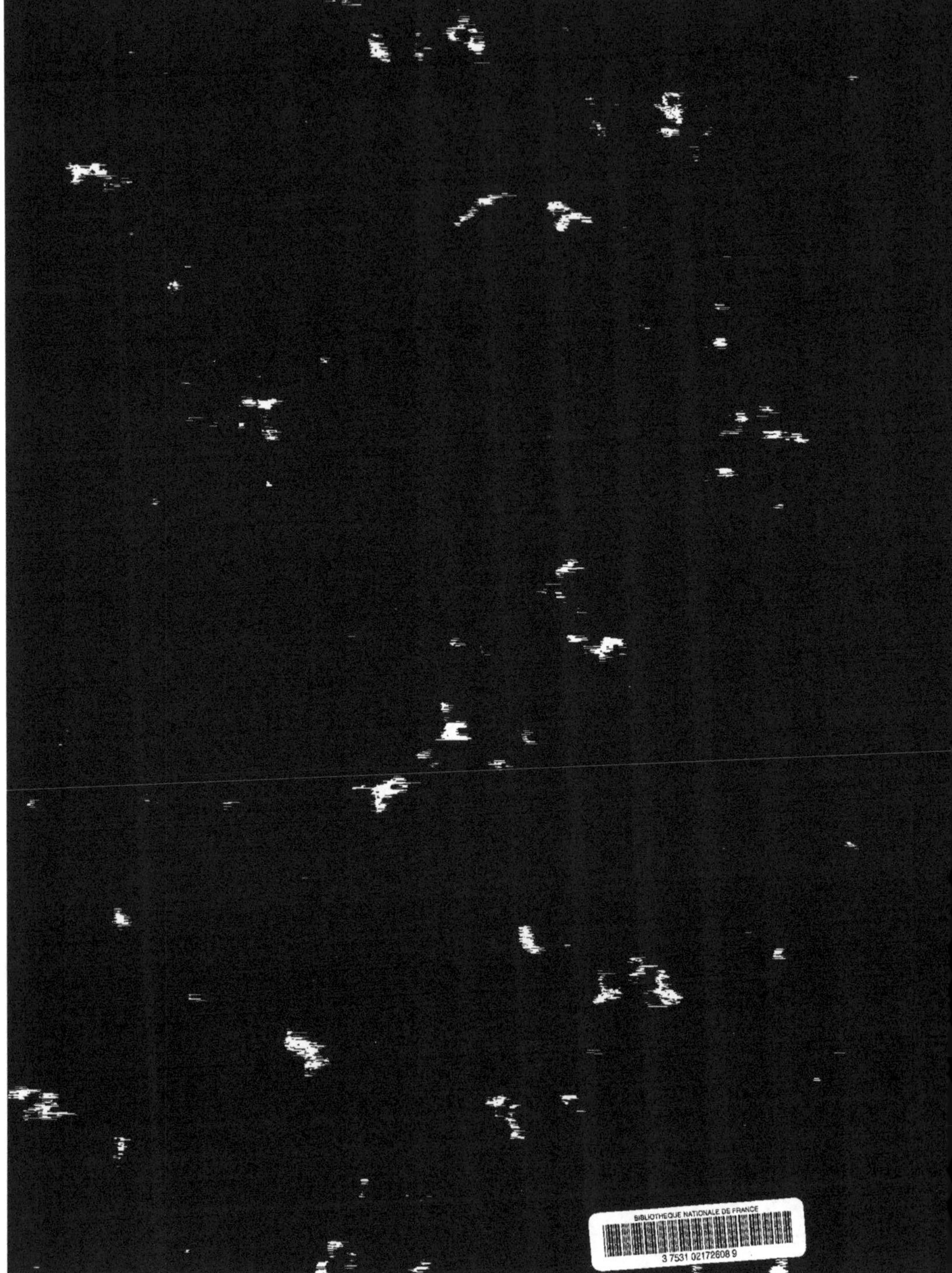